KB232683

유전병은 숙명인가?

디아스포라(DIASPORA)는 독자 여러분의 책에 관한 아이디어와 원고 투고를 기다리고 있습니다. 디아스포라는 전파과학사의 임프린트로 종교(기독교), 경제·경영서, 일반 문학 등 다양한 장르의 국내 저자와 해외 번역서를 준비하고 있습니다. 출간을 고민하고 계신 분들은 이메일 chonpa2@hanmail.net로 간단한 개요와 취지, 연락처 등을 적어 보내주세요.

유전병은 숙명인가?
실체와 예방

—

초판1쇄 발행 1991년 9월 15일
개정1쇄 발행 2025년 10월 28일

—

지은이 오브리 밀런스키
편 · 역 한국유전학회
발 행 인 손동민
디 자 인 김미영

—

펴낸 곳 전파과학사
출판등록 1956. 7. 23. 제 10–89호
주 소 서울시 서대문구 증가로18, 204호
전 화 02-333-8877(8855)
팩 스 02-334-8092
이 메 일 chonpa2@hanmail.net
공식 블로그 http://blog.naver.com/siencia

ISBN 979-11-94832-30-0 (03470)

유전병은 숙명인가?

유전병은 숙명인가?

편역에 즈음하여

현대 사회는 과학적 문명사회라고 할 수 있다. 우리의 의식주 생활만 보더라도 크게 달라졌으며, 앞으로 사회가 어떻게 변화할지는 예측하기 어렵다. 이처럼 변화하는 사회 속에서 우리의 의식이나 과학적 지식도 보편화되고 대중화되고 있다. 이런 사회 환경 속에서는 우리가 알고 지켜야 할 일이 많아지고 있다.

"유전병은 숙명인가?"

인간을 포함한 모든 생물은 유전을 통해 그 특성을 후손에 전달한다. 우리 주변에는 선천성 또는 유전성 결함으로 고통받는 가족이 많다. 인류의 유전병(또는 유전적 결함)은 이미 널리 알려져 왔다. 다만 그 발병 빈도가 낮고, 관심을 가질 만한 사회적 여건이 조성되지 않았을 뿐이다. 그러나 경제 성장과 더불어 유전병이나 결함의 발생 빈도는 높아지고, 생명의 존엄성은 더욱 강조되고 있다. 유전병 환자의 출생 책임은 누구에게 있는가? 자신인가? 부모인가? 사회인가? 우리는 그 책임을 물을 수 없다. 오히려 그 원인과 실제 상황을 밝혀 불행을 예방하거나 병을 치료해야 한다. 이러한 노력의 결과로 일부 유전병에 대해서는 의미 있는 결과를 얻기도 했다.

이 책의 개략적 내용을 보면 1) 유전자에 대해 알아야 할 필요성, 2) 염색체와 유전의 관계, 3) 인종과 유전자, 4) 유전자 검색, 5) 지적장애와 유전자, 6) X선과 화학물질이 유전에 미치는 영향, 7) 유전상담 제도, 8) 유전 결함의 산전진단 및 윤리 문제, 9) 유전병의 치료, 10) 유전병은 극복할 수 있는가? 등 현대 교양인이 반드시 알아야 할 핵심 요소들을 두루 망라하고 있다.

이 책의 집필진은 한국유전학회의 권위 있는 회원으로 구성되었으며, 출판은 전파과학사에서 맡아 주었다. 집필에 참여해 주신 여러 선생님과 전파과학사에 대해 본 학회를 대표해 깊은 감사의 뜻을 전한다.

한국유전학회 회장
서울대학교 자연대 생물학과 교수 이정주

편역에 참여하신 분들(가나다순)

강계원 교수(한국과학기술원 생물공학과, 쌍생아유전학)

강순자 교수(이화여자대학교 사범대학 과학교육학과, 초파리집단유전학)

김경진 교수(서울대학교 자연과학대학 분자생물학과, 발생유전학)

김기복 박사(광주기독병원 소아과, 인류세포유전학 및 산전진단학)

김기원 명예교수(전남대학교 자연과학대학 생물학과, 초파리집단유전학)

김영진 교수(충남대학교 자연과학대학 생물학과, 인류유전학)

김종봉 교수(대구효성가톨릭대학교 사범대학 생물교육학과, 포유류세포유전학)

고 김춘광 교수(전 부산대학교 자연과학대학 분자생물학과, 포유류체세포유전학)

나도선 교수(울산대학교 의과대학 생화학교실, 미생물분자유전학)

남궁용 교수(강릉대학교 자연과학대학 생물학과, 인류유전학)

류명수 교수(전 한양대학교 의과대학 유전학교실, 인류세포유전학)

박경숙 교수(성신여자대학교 자연과학대학 생물학과, 인류유전학)

박은호 교수(한양대학교 자연과학대학 생물학과, 어류유전학)

백용균 명예교수(한양대학교 의과대학 유전학교실, 초파리 및 인류집단유전학)

양영호 교수(연세대학교 의과대학 산부인과학교실, 인류세포유전학 및 산전진단학)

양재섭 교수(대구대학교 자연과학대학 분자생물학과, 인류세포유전학)

엄경일 교수(동아대학교 자연과학대학 생물학과, 포유류세포유전학)

오문유 교수(제주대학교 자연과학대학 생물학과, 인류유전학)

유명희 박사(한국과학기술원 생명공학연구소 단백질공학연구부, 단백질유전학)

이강오 박사(삼육대학교 이학부 생물학과, 식물분자유전학)

이영익 박사(한국과학기술원 생명공학연구소 분자세포생물학연구부, 암유전학)

이원호 교수(부산대학교 자연과학대학 생물학과, 초파리집단유전학)

이정주 교수(서울대학교 자연과학대학 생물학과, 인류 및 발생유전학)

이택준 명예교수(중앙대학교 문리과대학 생물학과, 초파리집단유전학)

이호자 교수(경희대학교 문리과대학 생물학과, 미생물분자유전학)

이혜영 교수(인하대학교 이과대학 생물학과, 척추동물세포유전학)

임정빈 교수(서울대학교 자연과학대학 미생물학과, 초파리효소유전학)

정해원 교수(서울대학교 보건대학원, 보건유전학)

조철오 교수(한국과학기술원 생물과학과, 인류분자유전학)

주갑순 교수(고려대학교 의과대학 부속 구로병원 산부인과, 인류세포유전학 및 산전진단학)

최준호 교수(한국과학기술원 생물과학과, 바이러스분자유전학)

편집진

출판위원장

박은호 교수(한양대학교 자연과학대학 생물학과, 어류유전학)

출판 간사

조철오 교수(한국과학기술원 생물과학과, 인류분자유전학)

남궁용 교수(강릉대학교 자연과학대학 생물학과, 인류유전학)

원저에 대하여

원저는 1977년 뉴욕의 Avon Books에서 출판된 오브리 밀런스키(Aubrey Milunsky)의 『Know Your Gene』이다. 이 책은 총 29장, 337쪽으로 구성된 문고판으로 제목이 암시하듯 인간의 유전 현상과 이에 따른 유전병, 선천성 기형 또는 유전과 밀접하게 관련된 질병에 대해 다루며, 예방 차원에서 대중 계몽을 목적으로 쓰였다.

이 책의 내용이 훌륭한 데다가 우리나라가 복지사회로 나아가는 과정에서 풀어나가야 할 선천성 장애인 문제와 유전병에 대한 올바른 이해를 돕고자 한국유전학회에서는 여러 차례 심의를 거쳐 이를 번역하기로 결정했다.

그러나 1~2년 단위로 새롭게 발전하고 있는 현대유전학의 추세에 비추어 볼 때, 이미 출판된 지 14년이 지난 원저의 일부 내용은 시대에 뒤떨어져 보완 및 개정이 필요했다. 이에 따라 최신 정보를 추가해 편역했다. 특히 최근 10여 년 동안 유전자 조작기술의 발달로 괄목할 만한 발전을 이룬 인류분자유전학 분야의 내용을 대폭 보완했으며, 지나치게 전문적이거나 유전 외적 내용이 담긴 원저의 일부 장은 제외했다.

한국유전학회 회원인 29명의 유전학자가 내용을 분담해 편역한 뒤 편집진에서 용어 통일 등 기술적인 수정을 가했다. 삽화와 그림은 대부분 원저의 것을 사용하지 않고, 보다 이해하기 쉽고 선명한 최신 자료로 대체했다.

1991년 4월 23일

한국유전학회 출판위원장 한양대학교 자연대 생물학과 교수 박은호

차례

1장

왜 자신의 유전자에 대해 알아야 하는가?

여러분이 4~8종류의 유전병과 관련된 유전자를 하나쯤 가지고 있으면서도 정상적인 생활을 하고 있는 보인자[1]라면 이 사실을 믿겠는가? 그러나 우리는 모두가 보인자라고 해도 과언이 아니다. 여러분은 분명히 몇 개의 해로운 유전자를 가지고 있기 때문에 이미 유전병에 걸려 있거나 앞으로 유전병에 걸리지 않을까 다소 불안한 생각을 할 수 있다. 그러나 이와 같은 유해 유전자가 있어도 건강에는 별다른 영향이 없는 경우가 있다. 그렇지만 그런 경우, 여러분은 보인자로서 유해 유전자를 자식에게 물려줄 가능성이 있다. 또 유전병 관련 유전자를 후세에 물려준다든지, 병을 일으킬 수 있다는 사실에 두려움을 느껴본 적이 없을 수도 있다. 유전병 환자, 선천성 기형아, 지적장애아의 발생 빈도에 대해 그 심각성을 인식하지 못하고 있을지도 모른다.

유전 문제는 인생과 깊은 관계가 있다

미국 내에서 이미 유전병에 걸려 있거나 발병할 가능성이 있는 사람을 모두 합하면 약 2,000만 명 이상이 된다는 통계조사 보고가 있다. 이 숫자는 적어도 열 명 중 한 명이 그런 사람이라는 뜻이다. 이런 현상은 피할 수 없는 일인가? 그렇지 않다고 생각한다. 그래서 우리는 이 책을 통해 비극을 사전에 방지하고, 적절한 시기에 치료하는 방법을 설명하고자 한다.

이 책에서는 아일랜드인, 이탈리아인, 그리스인, 유대인, 동양인, 흑

1　보인자: 외견상으로 정상의 형질을 나타내지만, 해로운 열성 유전자를 이형접합 상태로 가지고 있는 사람.

인 및 백인 등 여러 민족이나 인종에 따라 각각 다른 종류의 유전병이 있음을 논하고자 한다. 예를 들어 백인종에서는 2,500명 가운데 한 명 꼴로 낭포성 섬유증(Cystic Fibrosis)[2]이라는 유전병이 나타난다. 또한 유대인(중동, 유럽의 유대인과 스페인, 포르투갈의 유대인)에서 많이 나타나는 유전병은 다르다. 그러나 인종과 아무런 관계없는 유전병도 많다.

물론 이는 불치의 결함을 나타내는 기형아(선천성 기형)가 태어나서는 절대 안 되겠다는 취지에서 유전병의 발병 가능성을 여러분에게 경고하기 위함이다. 오늘날 과학의 발달은 태어날 때 나타나는 유전병은 물론, 성장한 후에 발병하는 유전병까지도 예방하고, 적어도 어느 정도 치료할 수 있는 여러 가지 대책을 가능하게 한다. 어떤 가정에서든지 또는 어떤 사람이라도 지금부터 자녀를 낳으려면, 도덕을 내세워 유전병 예방을 위한 유전학적 발견이나 기술 등을 무시해서는 안 된다. 유전병의 예방은 자기 자신이나 자식의 건강과 행복이 관련되어 있기 때문이다. 우리는 누구나 자신의 특이한 유전자를 알고 싶어 하고, 건강한 자식을 낳기 위해 어떤 대책을 생각할 권리와 의무가 있다. 그래서 우리는 한결같이 자신이 희망하는 대로, 되도록 이성적으로 그 대책을 강구할 자유가 있다.

현재까지 인류에게 알려진 유전병은 약 2,000종류 이상이다. 알려진 바에 따르면 미국과 캐나다의 대형 소아과 병원에 입원한 환아 중 약

---

2 낭포성 섬유증: 분비조직의 세포막 기능의 이상으로 염분을 비롯한 분비물이 과다하게 분비되는 열성 유전병으로, 치명적일 수 있다.

25~30퍼센트가 유전병을 앓고 있다고 한다. 물론 이렇게 많은 어린이들이 유전병을 지닌 것으로 나타난 데는 과거 수십 년간 감염성 질환(전염병)이 감소한 것도 원인이 있겠지만, 유전병의 조기 진단법이 발전했고 일부 유전병 환자의 수명이 길어졌기 때문이기도 하다.

선천성 이상을 지닌 아기는 신생아 100명 중 3~4명꼴로 태어난다. 또한 미국에서 유전성 또는 선천성 지적장애아의 수는 600만 명이 넘는다고 한다. 이는 실로 놀라운 수치라 할 수 있다. 더욱이 이러한 통계는 이전부터 잘 알려진 유전병만을 대상으로 한 것이며, 아직 유전병으로 확실히 알려지지 않았거나 학계에 보고되지 않은 경우까지 포함한다면 이 숫자는 훨씬 더 늘어날 것이다.

여러 가지 유전병

한 가정에 나쁜 유전형질이 전해 내려오는 고민거리는 숨겨 버리려는 경향이 많다. 그리고 사람들은 자기 자신이 어떤 유전병을 자손에 전달할 수 있는지도 잘 알지 못하며, 알기를 원하지 않는 경우도 많다. 예를 들면 우리는 헌팅턴(Huntington) 무도병[3]이라는 유전병이 한쪽 부모(엄마나 아빠)로부터 직접 유전된다는 사실을 모르고 있다. 이 병은 뇌 조직이 점진적으로 퇴화해 치매가 되거나, 발작적인 근육 운동이나 언어장

3　헌팅턴(Huntington) 무도병: 평균 35세경에 발병하는 유전병으로, 뇌신경의 퇴화로 인해 마치 춤추는 듯한 불수의적 운동이 일어난다. 발병 후 10년 안에 사망에 이르며, 우성 단일유전자에 의해 지배된다.

애를 일으킨다. 만성 폐렴이나 음식물의 흡수 불량을 일으키는 낭포성 섬유증은 양친으로부터 유전되는 병이다. 이들 양친은 이 병의 유전자를 갖고 있음에도 불구하고, 건강해서 이 병에 대해 전혀 알지 못할 수도 있다.

테이-삭스(Tay-Sachs)라는 유전병은 3~4세 때부터 뇌세포가 파괴되어 시력을 잃고 4~5세에 사망하는 병으로 유대인에게 흔히 나타난다. 이 병의 발병은 신생아 약 3,600~4,000명 중 한 명으로 나타나며 양친을 통해 자식에게 전달된 유전자에 의해 생긴다. 이와 마찬가지로 흑인종에서는 겸형 적혈구 빈혈증(Sickle Cell Anemia) 환자가 많이 발생한다. 혈우병은 특정 혈액응고인자의 결핍으로 생기는 출혈성 병으로 여성을 통해서만 자손에 전달되지만, 실제로 이 병에 걸리는 경우는 대부분 남성이다. 이 병은 근친혼이 성행했던 유럽의 왕실에서 다수 발생한 바 있다. 척추 파열증은 아일랜드계 사람에게서 발병 빈도가 높지만 다른 인종에서도 나타난다. 고혈압, 관상동맥 심장질환, 암, 당뇨병, 지적장애, 조현병 및 습진과 같은 피부병 등은 어떤 민족이나 어느 지역에서도 발병하는 일종의 유전성 질환이다.

우리는 좋든 싫든 우리들의 유전자에 얽매여 살고 있다. 어떤 의미로 생각하면 우리들의 인생은 유전자 그 자체라고도 생각할 수 있다.

유전되는 소인

사람들은 자신의 건강을 완벽하다고 믿고 있을지도 모르고, 또는 그렇게 되기를 대개는 희망하고 있다. 그러나 각 사람의 유전적 소인(즉, 각 사람의 유전자)이 여러 환경적 요인에 대해 각각 다른 반응을 나타낸다는 사실을 간과하는 까닭에 적지 않은 사람들은 치명적인 희생을 당하는 경우가 있다. 예를 들면, 겉보기에는 완전히 건강한 사람이라고 해도 적혈구 속에 있는 어떤 특수한 효소(효소란 생체 내에 있으면서 여러 가지 물질을 합성하거나 분해하는 데 관여하는 물질)가 결핍되어 있는 경우가 있다. 이런 사람이 어떤 의약품(예를 들어 아스피린이나 술파제 약품)을 복용하면 심한 부작용이 일어나거나 용혈이 일어나 빈혈이 생긴다. 특히 그리스인, 이탈리아인, 동양인 그리고 흑인 등에서는 이와 같은 반응에 관련된 효소(포도당-6-인산탈수소효소, G-6-PD)의 결핍으로 이러한 현상이 나타나는 경우가 적지 않다. 조금 다르기는 하지만 페니실린에 대한 치명적인 반응 또한 유전적으로 결정된다는 사실은 마찬가지이다. 전신 마취를 할 경우에도 치명적인 반응이 나타나기도 하는데 이 경우도 유전적 요인에 의한 효소 결핍의 한 예에 속한다. 유전성의 특수한 근육질환이라고 할 수 있는 이 병은 보통 일반적인 상태에서는 나타나지 않기 때문에 정상인과의 구별이 어렵지만, 만일 이런 유전병을 지닌 사람들이 전신 마취상태에서 수술 중이나 수술 후에 돌연히 높은 열(섭씨 42°C 정도)로 인해 수술의 목적과 관련된 병과는 전혀 무관한 합병증으로 죽는 경우가 있다.

한편, 어떤 사람에게는 특수한 효소가 있어서 그 효소가 활성화되면 암이 발생할 수 있다는 사실이 최근에 알려졌다. 이것은 매우 흥미 있는 일이다. 예를 들면, 그런 사람이 담배를 많이 피우면 효소가 활성화되어 폐암에 걸릴 수 있다는 이론이 된다. 그런 점에서 볼 때, 평생을 골초로 지냈음에도 폐암에 걸리지 않는 사람이 있는 이유도 설명할 수 있을 것이다. 그런 사람은 이 특수한 효소를 갖고 있지 않거나, 가지고 있더라도 활성화가 되지 않기 때문일지도 모른다.

왜 이제는 알아야 하는가?

여러 유전병에 관한 지식이 꽤 오래전부터 알려져 왔다. 그런데 왜 이제 와서야 이런 유전병이 절박한 문제로 등장했는가? 비교적 최근까지만 해도 우리 주변에는 유전병보다 더 긴급한 문제가 많았으며, 개발 도상에 있는 여러 나라에서는 아직도 그런 상태에 있다. 즉, 영양실조나 감염성 질환이 중요시되는 동안, 유전병의 예방과 치료 같은 문제에 대해서는 사회가 눈을 돌리지 못하고 있었다.

그러나 현재는 예방되는 유전병도 많이 밝혀져 우리는 유전병의 위험성과 그에 대한 대응책을 반드시 알아야 하는 상황에 놓여 있다. 대책으로는 다음과 같은 방법이 있다. 즉, 남녀 배우자의 선택 방법, 자신이 보인자인지를 확인하는 검사를 받는 것, 태아에 치명적인 장애가 있는지를 임신 중에 진단하는 출생 전 검사를 받는 것 등 여러 가지 대책이 있다. 혹은 유전상담에 의해서 우리 자신에게는 어느 정도의 유전적 위힘이 있는지, 태어날 신생아가 기형아가 될 위험률은 어느 정도가 되는 지를 알 수 있다.

알아야 할 권리

여러분의 자녀가 기형아로 태어날 확률은 보통 사람의 경우보다 높은지, 여러분은 어떤 유전병의 보인자는 아닌지, 또 여러분은 어떤 검사를 받고, 어떤 대책을 택하는 것이 좋은지 등을 우리는 알 권리가 있다. 한편 가족의 내력을 조사하거나 전문가의 의견을 구하고, 유전병 예방을 위한 의료 기술을 이용하는 것은 자기 자신과 자식에 대한 의무이기도 하다.

어느 누구도 자신이 유전병 환자라든가, 자식 또한 자기와 같은 유전병 환자라는 사실을 알게 된다면, 그것은 분명히 불행하고 비극적인 일이다. 더욱이 예방할 수 있었던 유전병이 발병할 경우는 한층 더 그러하다. 유전병을 가진 자식을 원하는 부모는 없겠지만, 종교적 믿음 때문에 태아에 장애가 있어도 신의 뜻이라고 믿고 인공유산을 생각하지 않으려는 사람도 분명히 있다. 이것도 그들의 자유로운 권리이므로 그런 행위나 신앙은 존중할 필요가 있다. 그러나 치명적 유전병을 예방하려는 사람에 대해서도 예방할 권리를 보호해 주지 않으면 안 된다.

한편, 배우자에 대해서도 결혼 전부터 알아야 할 의무가 있음은 당연하다. 아기들은 기형이나 치명적 혹은 치사적인 유전병의 부담 없이 세상에 태어날 권리가 있는가? 미국의 로드아일랜드(Rhode Island)주 대법원은 그 점에 대해서 다음과 같이 확실히 밝혔다.

"'어린이는 건전한 정신과 육체를 가지고 그의 생을 출발할 권리가 있다'라는 원칙은 준수되어야 한다."

이 권리를 보장하기 위해서 부모가 되려는 모든 사람은 자기 자신이 보인자인지를 검사받거나, 자신이 유전병에 걸릴 위험이 있는지를 조사해 책임 있는 행동(처신)을 하지 않으면 안 된다. 여러분의 행위나 책임을 떠맡는 방법에 따라 그 결과는 사회 전체와도 크게 관계된다. 예를 들면, 지적장애를 수반하는 무서운 유전병에 걸려도 개의치 않고 자식을 낳아야 한다는 심정에 동정이 간다고 해도 결국은 어떤 형태로든 유전병을 지닌 어린이를 돌보는 일은 국가적 부담이 되기 때문이다(이 경우는 선진국에 한함).

기형 출생의 정도 차이

기형에도 여러 정도의 차이가 있다. 가벼운 기형은 흔히 나타나는 것이며, 어떤 연구자는 이러한 기형은 신생아의 6~14퍼센트를 차지한다고 발표했다. 여러분에게도 사소한 기형이 있을지도 모른다. 예를 들면, 일반적으로 손바닥에는 크게 세 개의 손금이 있는데 가로지르는 단 한 개의 손금밖에 없다면 이것도 일종의 기형에 속한다. 이것은 이른바 원숭이 장문(손금) 기형이라고 하며, 다운증후군 환자에게서 많이 나타난다. 그러나 건강하고 정상적인 신생아 중에도 한쪽 손 또는 양손에 한 개의 손금만 있는 경우가 약 1퍼센트는 된다. 그런데 묘하게도 이런 기형의 신생아는 첫 번째 낳은 자식 중에서도 아들에 많다. 제2, 제3발가락에

물갈퀴 모양의 기형이 생기거나 유착하는 기형도 있다. 이 경우는 대부분 한쪽 부모가 똑같은 기형을 가지고 있는 경우가 보통이다. 새끼손가락이 안쪽으로 휘어 있다든지, 평발도 가벼운 기형에 속한다. 그 외에도 변형된 귀, 입천장이 높은 경우 등등 무수히 많다. 이러한 가벼운 기형은 그것 자체만으로는 큰 결함이라고 할 수 없다. 그러나 가끔 이런 기형을 가진 사람은 심한 내장기관의 기형을 동반하는 경우도 있다. 예를 들면, 한쪽 귀 모양이 변형되었을 때 모양이 변한 귀와 같은 편의 신장(콩팥)에 문제가 있는 경우가 있다. 그럴 때는 건강상 중요한 문제가 된다.

기형은 생명을 위협하거나, 용모나 자세가 보기에 민망스러워 매우 심각한 문제가 되기도 한다. 심장 기형, 소두증(머리가 특히 작은 기형), 지적장애, 시각·청각 장애, 왜소증 등은 모두 심한 기형의 범주에 속한다.

선천성 또는 후천성 출생 이상

아직 그 원인이 밝혀지지 않은 크고 작은 출생 이상이 갑자기 생기는 수가 있다. 임신 중 산모의 약물 복용(예: Thalidomide)이나 임신 초기의 바이러스 감염(예: 풍진) 등이 그 원인이 될 수 있다. 물론 출생 이상은 선천적이기도 하다. 하지만 가족 중에 유전병이 없는 경우라도 출생 이상이 선천적이냐, 후천적이냐를 구별하기는 어렵다. 유전병을 지닌 아이가 심한 비정상을 보이며 태어날 수 있고, 몇 달 아니 몇십 년 동안 어떤 질병의 징후 없이 살아갈 수도 있으며, 치명적 결함으로 몇 시간 또는 며칠 이내에 죽을 수 있다.

임신 초기의 자궁 내의 작은 상해도 기형아를 낳는 원인이 될 수 있다. 유전적으로 아무 이상이 없는 태아라 할지라도 출산 전후에 산소 결핍이나 두뇌 손상을 입은 태아는 뇌성마비나 지적장애 또는 간질 환자로 발전하기도 한다. 출생아의 두뇌 손상에 대해서는 이 책에서 더 이상 자세히 다루지 않고, 유전병과 발생 과정의 이상에 중점을 두어 설명하고자 한다.

낙태의 결정

유전병에 대한 지식이 너무도 부족했던 과거에는 의사들이 할 수 있는 일이란 고작 비정상아가 태어날 때까지 기다리는 것이었다. 그런 다음 산모에게 다음 출산 때 유전병을 가진 아이가 태어날 빈도에 대해서 상담해 주는 것이 고작이었다(예를 들어 열성 유전병이었을 때는 25퍼센트). 그러나 최근 유전병에 관한 연구의 진전은 태아의 유전병 여부를 진단하기에 이르렀다. 그러므로 유전병의 문제를 가진 가족들은 병을 미리 발견하고 그 대책을 세우기 위해서 전문가와 상담하는 일이 매우 중요하다. 다음의 경우가 좋은 예가 될 것이다.

Mary와 Joe는 결혼할 당시 각기 23세, 24세였다. 그들은 매우 건강했으나 Mary의 동생은 15세 때 근육위축증(Muscle Dystrophy)[4]으로

---

4 근육위축증: 근육조직이 서서히 퇴화하는 유전병으로, 3~6세 때부터 발현하며 평균적으로 10대에 사망한다. 10여 종이 발견되었으며 이 중 약 50퍼센트는 X염색체와 연관되어 있다.

사망했다. 동생이 죽었을 때 Mary의 부모는 Mary가 근육위축증 유전자를 가지고 있고, 따라서 이 병을 지닌 남아를 출산할 우려가 있다는 말을 들었다. 하지만 Mary가 실제로 보인자인지는 조사되지 않았고, 시간은 지나 그녀가 결혼할 때가 되었을 때 아무도 유전상담을 권하지 않았다. 결혼 후 Mary는 완전히 정상아로 보이는 남아를 출산했다. 그러나 그 아이가 자라 3살 반쯤 되었을 때, 남편인 Joe는 그 아이가 의자에 잘 오르지 못하고, 더욱이 방바닥에서 잘 일어나 앉지도 못한다는 사실을 발견했다. Mary가 두 번째로 임신했다는 진단이 내려진 같은 주에 그 아이가 근육위축증 환자임이 밝혀졌다. 담당 의사는 Mary가 근육위축증 보인자이고, 앞으로 Mary가 출산할 남자아이 절반이 이 유전병에 걸릴 것이라고 이야기해 주었다. 또한 그 의사는 태아의 성별을 확실하게 알아낸 후 남아로 판명되면, 낙태 수술을 할 것을 권유했다. Mary와 Joe는 결국 양수 검사를 통해 태아의 성별을 확인하기로 했고, 검사 결과 두 번째 아이가 남자인 것으로 나타났다. 이에 따라 그들은 낙태를 하기로 결정했으며, 이후 정상적인 두 딸을 두게 되었다.

오늘날 임상 유전학 분야에서는 매년 새로운 지식들이 쏟아져 나오고 있어, 의사들은 이를 환자 상담에 활용하기 위해 끊임없이 배우고 익혀야 한다. 일반인들은 큰 문제 없이 전문적 의학 상담을 받을 수 있으리라 여기지만, 의사들도 의학상의 여러 복잡한 문제들에 대한 해답을

다 알 수는 없다. 임상 유전학에서도 마찬가지이다. 사람들은 흔히 자신의 담당 의사의 의견 외에 또 다른 의견을 들어야 마음이 놓인다고 느낀다. 그럴 때 큰 종합병원이나 대학병원을 찾는 것은 당연하다. 모든 의사는 자신의 판단에 확신을 가지는 동시에, 근심과 걱정 속에 있는 환자들에게 또 다른 의견을 들어보라고 권유할 수 있을 만큼 이해심도 있어야 한다. 그러나 언제나 현실은 그렇지 않다는 사실이 안타까운 일이다.

역으로 환자들도 최근 발전한 의학적 지식을 잡지나 책(예를 들어 이 책과 같은 자료)에서 배워 의사들에게 주의를 환기시킬 수 있어야 한다. 예를 들면 'March of Dimes'와 같은 미국 내 전국적 조직을 가진 사회 단체들이 유전병의 간호와 예방책 교육에 많은 기여를 하고 있다. 그 외에도 유전자 재단, 혈우병 재단, 낭포성 섬유증 재단, 근육위축증 재단, 테이-삭스병 재단, 헌팅턴 무도병 치료를 위한 위원회, 겸형 적혈구 빈혈증 재단 등 많은 단체들이 유전상담의 사회적 필요성을 널리 알리기 위해 노력해 왔다.

선천성 불구아를 둔 부모의 불행

태어난 아이가 심한 기형아이거나 앞으로 지적장애아가 될지도 모른다는 충격적 사실을 접하게 되면 사람들은 대개 여러 가지 복잡한 반응과 순응 작용을 겪게 된다. 부모들은 잘못한 일이 전혀 없는데도 죄책감에 빠지고 의기소침해지는 것이 보통이다. 어떤 때는 부친 또는 모친 쪽에서 아이가 지적장애가 될 가능성을 전혀 받아들이려 하지 않는다. 이런 사실을 부인하는 방어의식이 너무 강하면 유전상담을 꺼리게 된다. 그 결과 부모와 같은 유전병을 지닌 아이가 태어날 확률이 높아지고, 빨리 정상아를 얻기 위해 곧 다음 임신을 하게 되는 것이 보통이다.

선천성 기형아를 낳은 부모는 흔히 고뇌에 빠지며, 때로는 정상아를 둔 가까운 친척을 질투하기도 한다. 자책감에 사로잡히거나 술에 의지해 위안을 찾으려 하기도 한다. 간혹 담당 의사가 이런 비극을 막지 못했다는 분노가 점차 변해 아이를 학대하거나 불확실한 진단과 치료 부재에 대한 좌절감으로 이어지기도 한다.

기형아가 집에 같이 있다는 것은 부모에게 지속적인 정신적·육체적 에너지 소모를 요구하며 생활의 모든 면에 영향을 미쳐 기력이 쇠진해지는 심각한 지경까지 이르게 한다. 경제적으로도 어려워지며 거의 모든 경우 부부의 정이 깨진다. 부부간 성생활이 원만해지지 않고, 이러한 관계가 분노와 좌절을 불러일으킨다. 유전병이 있는 집안에 별거나 이혼이 많다는 사실은 너무나 잘 알려져 있다. 이러한 엄청난 에너지 소모는 정상적인 다른 자녀에게도 자주 무관심하게 만든다. 일반적으로 부모가 이러한 상황에서 정상적인 자녀에게 쏟을 수 있는 시간과 에너지가 남아 있다는 것은 실제로 불가능하다. 부모의 이런 무관심의 결과는 잘 알려지지는 않았지만 정상 아동의 정서, 행동, 그리고 심리에 문제를 일으킨다.

이러한 중대한 문제들은 지속적이며 평생 모든 가족에게 여러 가지 문제를 일으켜 복합적 어려움을 만든다. 물론 모든 가정이 이렇게 비참하게 파괴되는 것은 아니다. 아주 부유하여 하루 종일 도와줄 사람을 고용할 수 있는 사람들은 자기 가족들이 이러한 비극에 어떻게 대처했는지를 목소리 높여 말한다. 하지만 중류층이나 경제적으로 어려운 부모들은 기형아와 정상아를 똑같이 동시에 최선을 다할 수 없음을 알게 된다. 이런 비극이 소위 말하는 '전화위복'이 되는 경우는 극히 드물다. 물론 높은 차원의 애정과 인내와 사랑이 비정상아나 비정상적 어른을 부양하며 이루어질 수도 있다. 하지만 불행하게도 그러한 일은 대부분의 가정에서 이루어지지 않는다. 여러 가지를 고려해 보면 비정상아를 둔다는 것은 무거운 짐이며 더욱이 이런 비극이 방지될 수도 있었는데 시기를 놓쳤음을 깨달았을 때 느끼는 분노, 죄의식, 좌절감은 표현하기조차 어려울 것이다.

과학은 우리에게 지식을 통해 책임감을 부여하며 오랜 미신과 잘못된 인식에 의한 공포로부터 우리를 해방시킨다. 필자는 어떤 부모에게 그들의 자녀가 선천성 질환을 가졌는데 이를 진작에 피할 수도 있었다고 말해 주었을 때 그들이 심히 낙담하는 것을 보았다. 그들은 사실상 그럴 수 있었음을 이미 알고 있었다. 그러나 그들은 피하지 못했다. 우리 모두 건강상 문제가 심각할 때까지 어떤 조처를 미루는 경향이 있다. 가끔은 그 조처가 너무 늦어진다. 이 책은 여러분들에게 색다르고 실질적이며 강력하게 어떤 급한 상황에 대한 개인적인 메시지를 전하려고 한다. 스티븐슨(Stevenson)은 이렇게 읊었다.

지금 하게 하옵시고

늦추거나 무관심하게 내버려두지 마옵소서

내가 다시 이 길을 지나가지 않도록…….

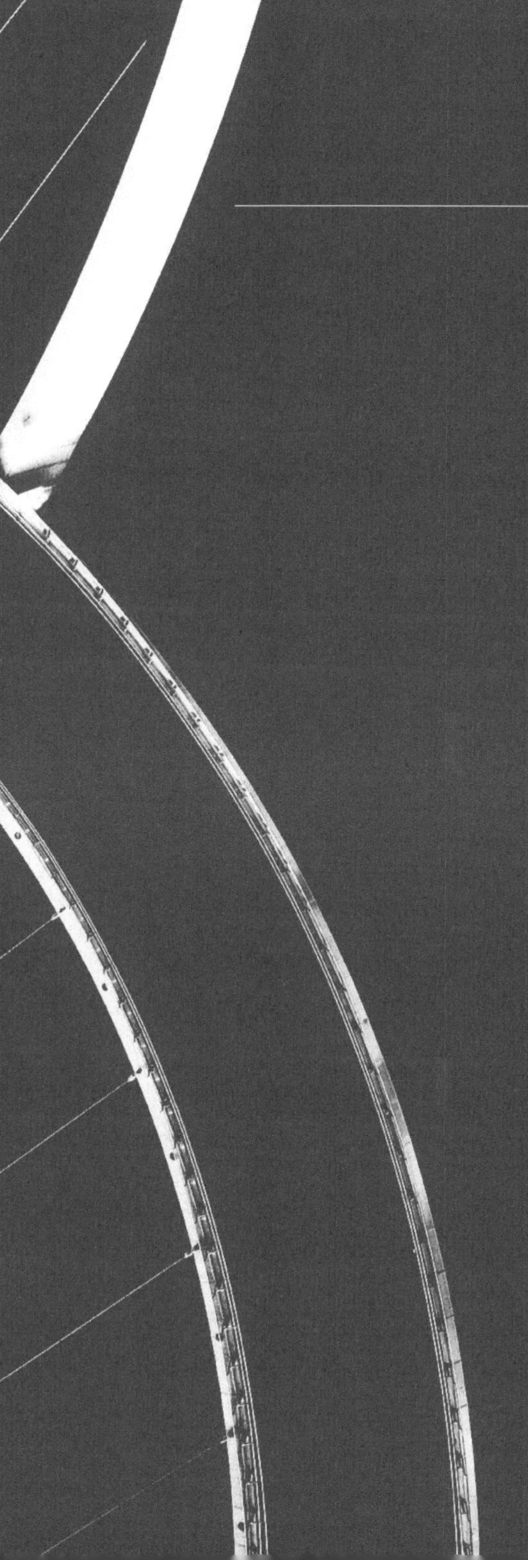

2장

염색체

"왜 우리에게 이런 일이 일어납니까? 염색체란 무엇입니까? 왜 우리 아이는 특별한 염색체를 갖고 있나요? 그 염색체는 우리 중 누구로부터 온 것인가요? 그것은 다음 자식에게서도 나타날 수 있나요?"

필자의 진단에 대하여, 젊은 부부들은 비참한 심경에 사로잡혀 진단 결과를 듣고서도 "믿어지지 않아요. 꿈이었으면 좋겠어요" 하며 울먹인다. 그들은 다소 진정이 되면 한결같이 위와 같은 질문들을 필자에게 가장 먼저 쏟아 놓는다.

시간이 지나고 나서야 그 부부들은 염색체가 무엇인지, 유전자와의 차이점은 무엇인지, 심지어 선천성 결함과 유전적 결함의 차이점에 대해서도 아무런 지식이 없음을 깨닫게 된다. 필자는 그들에게 이러한 내용을 이해하는 데 생물학적 지식이 없어도 가능하다고 확신시키고, 가능한 한 알기 쉽게 대답하려고 노력한다. 이러한 설명은 몇 장의 사진과 그림의 도움으로 간단히 할 수 있다. 그럼 세포부터 알아보자.

세포

우리의 몸은 수백 조 개의 세포로 구성되어 있으며, 이들은 매우 특별한 기능을 갖고 있다. 뇌세포는 기억과 지식을 담당하고, 심장세포는 규칙적인 수축작용을 하며, 창자세포는 점액을 만든다. 이처럼 우리 몸의 세포들은 기능은 다르지만 수명은 어느 기관을 구성하느냐에 따라 차이가 있다. 우리가 성장하는 동안에는 새로운 뇌세포가 생성되지 않는 반면(나이를 먹어감에 따라 뇌세포를 끊임없이 상실되고 있다), 창자에 있는 세포는 상실된 지 약 24시간마다 새로운 세포로 대치된다. 우리 몸에서는 매초 약 5,000만 개의 세포가 죽고, 신속하게 거의 같은 수만큼 새로운 세포로 대치된다. 정소의 정자세포는 단지 몇 달밖에 살 수 없으나 난소에 있는 난자(알)는 50년 이상 살 수 있다. 따라서 출생 시 결함은 여성의 난자가 그녀의 소녀 시절과 임신 기간에 걸쳐 X선이나 약물과 같은 환경에 노출됨으로써 영향을 받아 생길 수 있음을 암시한다.

세포의 기능은 각기 특수화되어 있음에도 불구하고, 구성은 기본적으로 비슷하다. 각 세포의 활동 중심은 '핵'이라 불리는 작은 부위이다. 핵은 세포의 조절 기능뿐만 아니라, 부모로부터 물려받은 유전적 명령을 수행하고, 자식을 통해 우리 후손에게 물려줄 유전물질을 지니고 있다. 따라서 개체의 특징을 결정하며, 부모로부터 유전된 정보를 간직한다. 세포의 핵은 '염색체'라 불리는 가는 실 모양의 화학적 복합물로 되어 있으며, 이 염색체에는 유전자인 DNA라고 하는 아주 중요한 구성 요소가 들어 있다.

정상 염색체

염색체는 거의 한 세기 전(1882년)에 발견되었으며 세포를 특수하게 염색함으로써 알려지게 되었다. 염색체의 나선 구조는 염색에 의해 육안으로 식별이 용이해진다. 이러한 특징 때문에 '염색체'라 부르고 영어로는 'chromosome'이라고 하는데 이 용어는 그리스어에서 색을 의미하는 'chroma'와 몸을 의미하는 'soma'에서 유래되었다. 19세기 후반에는 염색체가 유전 요소의 운반체일 것이라고 생각했다. 인간뿐만 아니라 세균, 식물, 코끼리 등 모든 생명체의 형성과 기능을 결정하는 데 요구되는 모든 필수 정보(유전 정보)는 이 염색체에 포함되어 있다. 즉 염색체는 유전자로 구성되며, 유전자는 유전의 단위이다. 단일유전자는 너무 작아서 가장 최신의 전자 현미경을 통해 관찰해도 식별해 내기 어렵다. 우리는 어머니로부터 염색체 수의 반을 받으며, 나머지 반은 아버지로부터 받는다. 그러므로 우리의 염색체를 구성하는 유전자는 양쪽 부모로부터 동등하게 물려받은 것이다. 그리고 우리는 우리의 염색체, 다시 말해 유전자의 반을 우리 자손에게 전달하게 된다. 염색체가 부모에서 자손으로 전달되므로, 정상적인 염색체에서 일어나는 현상을 관찰함으로써 염색체에 이상이 생겼을 경우 어떤 일이 일어날 수 있는지를 이해할 수 있다.

염색체의 수, 크기 그리고 성염색체

생물은 종에 따라 염색체의 수와 모양이 매우 다양한데, 어떤 종은 각 세포에 2개에서 500여 개의 염색체를 가지고 있다. 원숭이와 고릴라는 48개의 염색체를 가지고 있으며, 1956년에 사람의 세포에는 46개의 염색체가 있다는 것이 확인되었다(정자와 난자는 각각 23개씩 가지고 있다). 이로써 이전에 48개라고 생각되었던 판단은 잘못된 것으로 밝혀졌다.

염색체는 현미경으로 관찰할 수 있고 사진에 담을 수도 있다. 현미경으로 관찰한 염색체는 〈그림 1〉과 같다. 사진으로 얻은 염색체를 잘

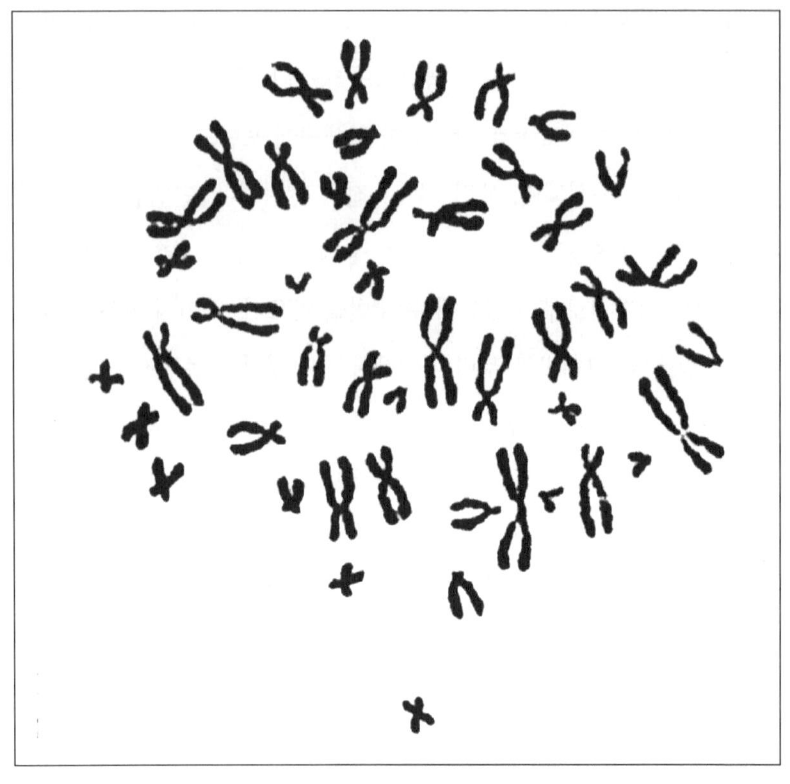

그림 1 | 현미경으로 본 사람의 염색체

라내 〈그림 2〉와 같이 가장 큰 것부터 순서대로 배열하면 〈그림 2〉에 나타낸 것처럼 번호가 매겨진 22쌍이 있다(총 44개). 각 쌍 중 하나의 염색체는 아버지로부터, 다른 하나는 어머니로부터 유래한 것이다. 나머지 두 개의 염색체는 성염색체라고 하며, 이는 개체의 성을 결정하는 정보를 가지고 있다. 〈그림 2〉에서는 두 개의 성염색체를 분리하여 배열

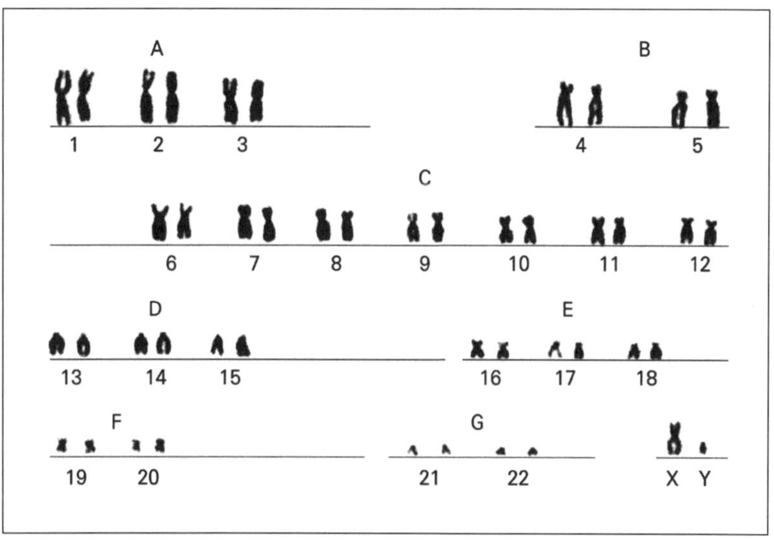

그림 2 | 사람(남성)의 핵형. 아라비아숫자는 염색체 번호이며 A, B, C…는 염색체군을 나타낸다.

했다. 부모는 자손에게 각각 하나씩의 성염색체를 준다. 여성의 성염색체는 XX로, 남성의 성염색체는 XY로 표시된다. 아버지가 X를 주고 어머니가 X를 주면 자손은 딸이 되고, 아버지가 Y를 주면 어머니의 염색체와 결합하여 아들(XY)이 된다. 즉 Y염색체의 존재는 자손이 항상 남성이 되도록 만든다(비정상적으로 둘 또는 그 이상의 X염색체가 Y염색체와 결합되는 경우도 있다).

새로운 염색 방법을 이용하여 각 염색체에서 가로로 나 있는 줄을 구별할 수 있게 되었다〈그림 3〉. 각 염색체 쌍에 따라 독특한 양상의 가로띠가 나타난다. 이런 새로운 방법은 기존에 사용된 방법보다 정밀하

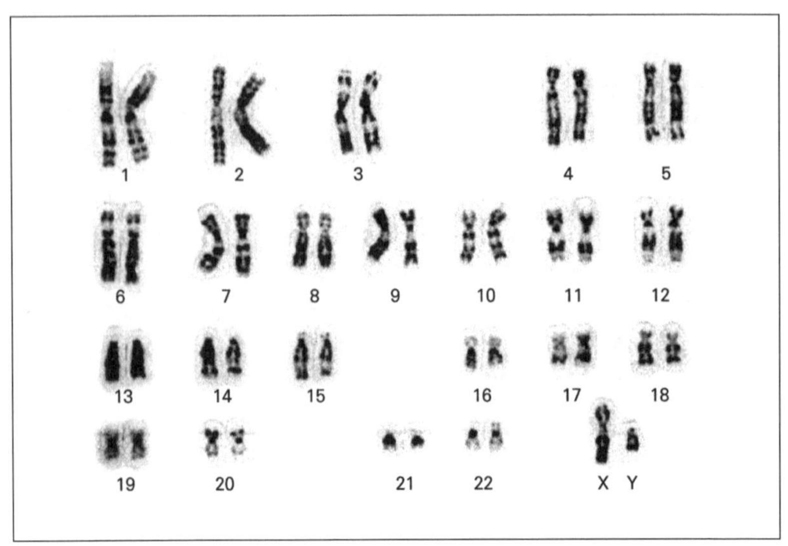

그림 3 | 사람(남성) 염색체의 밴드 핵형

게 염색체를 식별하고 분석할 수 있게 했다. 즉 쌍둥이처럼 모양이 똑같은 서로 다른 염색체 쌍(〈그림 3〉의 21과 22번)일지라도 가로로 나 있는 띠가 서로 달라 이를 식별할 수 있다.

염색체 이상

세상에 태어날 때부터 기형아로 태어났거나 생김새는 정상아인데 지능에 큰 결함이 있는 사람, 또는 어떤 유전병을 가진 사람들은 대부분이 염색체에 이상이 있는 것으로 알려져 있다. 염색체 이상은 살아서 태어나는 아이들 중 3~4퍼센트 정도로 비교적 흔히 일어난다. 미국에서만 매년 약 2만 명의 염색체 이상인 아기가 출생하고 있다. 염색체 이상은 크게 두 가지로 나눌 수 있는데, 그 하나는 염색체 수에 이상이 있는 '수적 이상'이고 다른 하나는 염색체 구조에 이상이 있는 '구조적 이상'이다. 수적 이상의 가장 대표적인 예는 다운증후군으로 정상인보다 염색체 수가 하나 더 많은 47개의 염색체를 갖는 경우이다. 수적 이상의 또 다른 예는 X염색체가 하나 많거나 적은 경우인데, 이는 클라인펠터(Klinefelter) 증후군과 터너(Turner) 증후군에서 볼 수 있다.

구조적 이상의 대표적인 예는 염색체의 일부가 떨어져 없어짐으로써 나타나는 고양이 울음소리 증후군이다. 임신이 되었으나 발생 과정을 전부 끝내지 못하고 유산되는 태아들은 염색체 이상이 있는 경우가 많은데 이는 대단히 중요한 문제이다. 왜냐하면 이러한 태아들이 유산되지 않는다면 결국 머리가 작은 아이, 언청이나 잇몸이 이상한 아이, 기형인 귀나 아래턱을 가진 아이, 또는 기형인 심장을 가진 아이 등 그 예를 일일이 다 열거할 수 없을 정도로 많은 종류의 기형아들이 태어날 수 있기 때문이다. 따라서 염색체 이상을 지닌 태아가 대부분 유산되는 현상은 일면 다행이라고도 할 수 있다. 그러나 일부 염색체 이상아는 살아서 태어나므로, 이러한 불행을 최소화하기 위해 임신했을 경우 태아에 염색체 이상이 있는지 없는지, 그리고 있다면 유산할 것인지 그대로 출산할 것인지를 결정하기 위한 진단 방법이 개발되어 있다.

유산

염색체 이상은 정상적으로 출산되는 신생아에서도 흔히 발견되지만, 자연 유산되는 태아에서는 그 빈도가 훨씬 높다. 자연 유산되면서 동시에 염색체 이상이 있는 태아의 대부분(약 45퍼센트)은 정상적인 사람보다 염색체가 한 개 더 많으며 약 20퍼센트는 3장에서 다시 논의하겠지만 터너 증후군에서 볼 수 있는 것처럼 염색체가 한 개 적다. 이러한 종류의 염색체 이상을 지닌 태아는 그 결함이 너무나 크기 때문에 임신 3개월 내에 대부분 자연 유산된다. 이러한 이상이 임신 초기에 자연 유산되면 오히려 다행한 일이며, 인류집단에서 극심한 기형을 줄이는 자연의 섭리라고 할 수 있다.

약물

피임약을 복용하는 여성은 그 약물이 자신의 건강뿐만 아니라, 이후 임신할 태아에도 영향을 줄 수 있다는 사실을 알아야 한다. 캐나다의 카르(Carr) 교수는 임신하기 전 6개월 동안 피임약을 복용하다 임신하여 아이를 낳을 경우, 피임약을 복용하지 않은 여성보다 염색체 이상인 아이의 출산이나 자연 유산의 빈도가 높다고 밝혔다. 이러한 결과는 다른 학자들의 연구에서도 입증되었다.

염색체 수가 너무 많거나 적을 때

어떤 사람은 정상인 사람의 염색체 수보다 더 많은 수의 염색체를 가지게 되는데 이러한 현상은 세포분열 과정의 오류에서 비롯된다. 한 개의 염색체가 더 많은 난자가 정상인 수의 염색체를 가진 정자와 수정하게 되면 수정란의 염색체 수는 한 개 더 많아지는 결과가 된다. 쌍을 이루던 염색체가 서로 분리되지 못하는 '염색체 불분리' 현상은 비교적 생식세포 형성 과정의 초기 단계에서 일어날 수 있다. 이러한 결과로 형성된 난자나 정자는 정상에 비해 염색체가 한 개 더 많거나 적다.

사람의 몸을 구성하고 있는 모든 세포 또는 많은 수의 세포들이 21

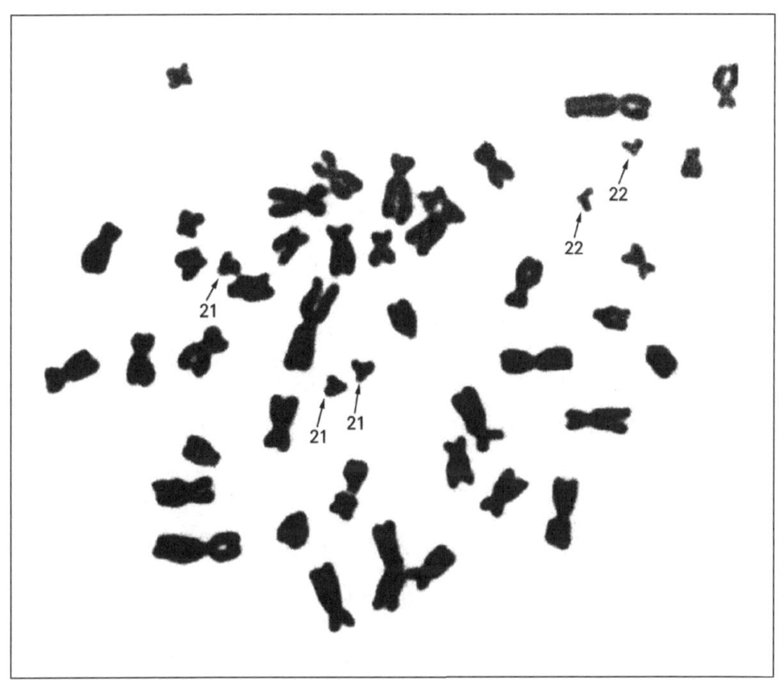

그림 4 | 다운증후군 환자의 염색체. 21번 염색체가 3개이다.

번 염색체(《그림 4》)를 한 개 더 가지게 되면 다운증후군(21번 염색체가 3개)이라고 불리는 선천성 염색체 이상 증후군이 된다. 다운증후군의 4퍼센트는 유전성인 부모 염색체의 재배치에 의한 것으로 알려져 있다.

어떤 원인으로 세포분열 시 한 염색체가 다른 염색체에 부착됨으로써 나타나는 특수한 불분리 현상은 전좌형 다운증후군에서처럼 염색체와 염색체의 부착이 21번 염색체 사이에서만 일어나는 것이 아니라 그밖의 염색체, 특히 13번과 18번 염색체에서도 일어나는 것으로 확인되었다. 특히 흥미롭고도 중요한 것은 어떤 아이가 정상인 사람보다 더 많은 염색체를 가졌을 경우, 그 아이를 임신했을 때의 어머니 나이가 35세 이상인 경우가 많다는 점이다(10장 참고). 동일한 염색체가 3개 있게 됨으로써 나타나는 3염색체 결함인 경우, 2개가 아닌 3개의 염색체를 이루게 하는 어떤 특이한 요인이 있다고 본다. 이러한 요인에는 X선 피폭(임신 중에), 바이러스 감염, 당뇨병이나 갑상선과 같은 질병, 또는 마시는 물에 함유된 불소화합물 등이 포함된다.

다운증후군을 비롯한 중요한 염색체 이상을 가진 아이들이 한꺼번에 집단으로 발생하는 것도 여러 번 발견되고 있다. 예를 들어, 어떤 해의 가을이나 겨울에 태어난 아이들 중에는 다른 시기에 태어난 아이들에 비해 임신 초기 태아의 세포분열에 어떤 영향을 주었을 가능성을 의심하게 할 정도로 염색체 이상 증후군의 빈도가 높다. 현미경으로 21번 염색체가 한 개 더 있는 것은 쉽게 확인할 수 있는데, 1959년 프랑스의 세포유전학자(Lejeuné)가 이를 처음 발견했다. 출생 전 태아가 염색체 이상을 갖는다는 것은 저능아나 난쟁이, 다운증후군에서 볼 수 있는 기형아 또는 머리가 작은 아이 등 기타 여러 형태의 의학적·정신적·사회적 문제를 가진 아이가 출산된다는 뜻과 같다.

일반적으로 13번 염색체가 하나 더 많은 경우에는 저능아, 작은 머리, 기형인 귀나 눈, 언청이, 손가락이 많아지는 등 여러 가지 형태의 기형아가 되기 쉽다. 흔한 경우는 아니지만, 성염색체 이외의 염색체 수가 모자란 아이가 출생하는 경우도 있다. 그 대부분은 결함이 너무 심해 사산되지만 혹 살아서 태어난다 하더라도 곧 죽게 된다.

정상 세포와 비정상 세포가 섞여 있는 모자이크

세포가 분열하여 그 수를 늘려 나가는 과정에서, 한 계통의 세포는 정상적인 염색체 수를 가지지만 다른 계통의 세포는 정상보다 더 많은 염색체를 가지는 비정상 세포가 되어, 두 계통의 세포가 서로 혼합하여 존재하는 경우가 있다. 따라서 어떤 사람은 몸 전체가 혼합된 세포들로 이루어져 있거나 어떤 기관이나 조직만이 비정상 세포로 이루어질 수도 있다. 예를 들면 뇌나 생식기관, 혈액, 피부 등이 더 많은 수의 염색체를 가진 비정상 세포로 구성되어 있고 다른 모든 기관은 정상 세포만으로 구성되어 있을 수 있다. 이러한 현상을 '염색체 모자이크'라 하는데, 만일 사람의 몸을 이루는 세포의 40퍼센트는 정상 세포이고 나머지 60퍼센트가 21번 염색체를 과잉으로 가진다면, 다운증후군의 특징이 나타나더라도 어떤 기관이 비정상 세포로 이루어져 있는가에 따라 증상의 정도가 달라진다. 일반적으로 염색체 모자이크는 흔하지 않다(3장 참고).

수는 정상이나 구조에 이상이 있는 경우

염색체 수가 정상이라 하더라도, 그중 하나 또는 두 개의 염색체에 구조상의 이상이 있는 경우가 있다. 이러한 구조상의 이상은 일반적으로 염색체의 절단에 의해 일어난다. 염색체는 자연적으로 절단되기도 하고 화학적·물리적 돌연변이원[1]이나 바이러스 감염과 같은 알려진 요인, 그리고 그 외 미지의 원인에 의해 절단되기도 한다. 이런 절단의 경향성은 양친이나 조부모로부터 아기에게 유전될 수도 있다. 이런 염색체의 구조 이상은 비교적 잘 일어나서 500회의 출산에 1회 정도의 비율로 나타난다.

염색체 구조상의 여러 변화는 모두 염색체의 절단 때문일지도 모른다. 예를 들면 2개의 염색체 끝에서 각각 절단이 일어나 그 작은 단편의 위치가 교환될 수가 있다. 이 과정을 '전좌'라고 하며, 수정 시기에 자연 발생적으로 일어날 수도 있고 유전에 의해 전해질 수도 있다.

앞에서 말한 유전성 다운증후군은 어떤 염색체의 전좌, 예를 들어 14번과 21번 염색체 단편의 교환 결과이다. 교환이 일어날 때 염색체 단편의 결손이 전혀 없이 그 위치만 바뀌는 전좌를 '균형 전좌'라고 한다. 염색체의 일부가 소실된 경우에는 '불균형 전좌'라는 용어가 사용되

---

1 돌연변이원: X선, 자외선, 여러 가지 화학물질 등 유전자인 DNA에 손상을 주어 돌연변이를 일으키는 요인.

며, 이때는 심각한 선천성 이상이 수반된다.

염색체의 균형 전좌 보인자이면서도 이를 알지 못하는 사람도 제법 많다. 미국에서만 해도 균형 혹은 불균형 전좌를 지닌 이상아가 매년 7,000여 명 태어나고 있다. 균형 전좌 이상인 사람은 육체적으로 정상이나 기형아를 갖게 될 위험이 있다. 그 위험률은 여성에서 약 10~20퍼센트, 남성에서 약 4퍼센트로, 전좌가 어느 염색체와 관련되어 있는가에 따라 결정된다. 남성의 경우, 불균형 전좌인 염색체가 있더라도 자식에게 영향을 줄 위험률이 낮다는 사실은 아마도 이상이 있는 정자가 수정 능력이 떨어지기 때문이 아닌가라는 추론을 낳고 있다.

매우 드문 일이지만 임신하게 되면 반드시 다운증후군 아이가 된다고 하는 위험률 100퍼센트의 염색체 전좌도 있다. 이러한 전좌의 종류를 알아두는 것은 물론 매우 중요하다. 그 중요성은 다음 예를 보면 잘 알 수 있다.

Jim과 Babara라는 미국의 한 부부는 아기를 갖기 위해 5년간 노력했다. 그 사이에 Babara는 세 번 임신했으나, 그때마다 임신 2개월 또는 3개월에 유산되고 말았다. 유산이 반복해서 일어났기 때문에 산부인과 의사는 염색체 검사를 받도록 권유했는데, 이는 현명한 일이었다. 검사 결과 Babara가 다운증후군의 균형 전좌 이상 보인자인 것을 알았고, 유산의 원인 중 일부는 이것 때문이었다. 이 부부는 출생 전에 유전학적 검사를 받으면 건전한 아기를 가질 수 있다고 들었기 때문에 다음 임신 때는 검사를 받았다. 그 결과 태아에게 균형 전좌 염색체가 있기는 했으나, 어머니와 같이 완전히 건강하다는 것을 알았다.

여자 쪽에서 전좌에 의한 염색체 이상이 발견되었기 때문에, 그녀의 가족에게도 같은 이상이 있는지에 대한 조사가 실시되었다. 검사 결과 어머니와 두 명의 이모, 그리고 한 명의 외삼촌이 모두 균형 전좌에 의한 염색체 이상 보인자인 것으로 밝혀졌다. 더욱 중요한 것은 Babara의 외사촌(또는 이종사촌) 중 네 명이 이상 보인자인 것이 그 후 검사로 판명되었다는 점이다. 실제로 그중 한 사람은 이미 불균형 전좌에 의한 다운증후군 아이가 있었다. 균형 전좌 염색체를 가진 또 한 사람의 외사촌은 당시 임신 중이었다. 마침 알맞은 시기에 Babara에게서 전화가 와 그 외사촌은 즉시 양수를 채취해 출생 전 검사를 받았고, 태아가 다운증후군이라는 사실을 알았다. 그래서 이 외사촌 부부는 임신중절을 하기로 했다.

Jim과 Babara가 세 번 유산한 후 염색체 검사를 받은 것은 이 두 사람에게 행운이었다. 3회 연속 습관성 유산 중의 3~8퍼센트는 부부 중 어느 한쪽에 염색체 이상이 있는 경우가 대부분이기 때문이다. 이러한 이상을 발견하는 데는 보통 형광염료를 사용해 염색체 띠를 염색하는 새로운 기술의 이용이 필요하다. Babara가 전좌의 보인자인 것을 알고 나서 부부는 출생 전 검사를 잘 활용했다. 기형아를 출산할 위험률이

10퍼센트나 되었기 때문에 출생 전 검사로 정상아를 분만할 수 있다는 사실을 확인한 것은 큰 위안이 되었다. 또 Babara가 자신의 어머니의 가족 전원에게 전화를 하거나 편지를 쓴 것은 도의적으로 훌륭한 행위였다. 필자는 이것이 규칙이 되면 좋겠다고 생각한다. 이 현명한 행위로 인해 다른 보인자가 발견되었을 뿐만 아니라 외사촌 부부는 중증의 선천성 기형아를 갖는 비극을 피할 수 있었다.

그 밖의 구조적 이상

염색체의 중간 위치에서 두 군데가 끊어진 뒤, 그 절편이 회전하여 상하가 거꾸로 되고 나서 다시 원래 염색체에 결합하는 경우가 있을 수 있다(〈그림 5〉 참조). 이것을 역위라고 한다. 유전자의 작용은 적어도 어느 정도까지는 염색체상의 위치에 의해 정해지기 때문에, 역위에 따라 불행한 결과가 일어날 수도 있고 그렇지 않을 수도 있다. 역위로 인해 중증의 지적장애, 소두증, 선천성 심장질환 및 그 외 심한 기형이 일어나는

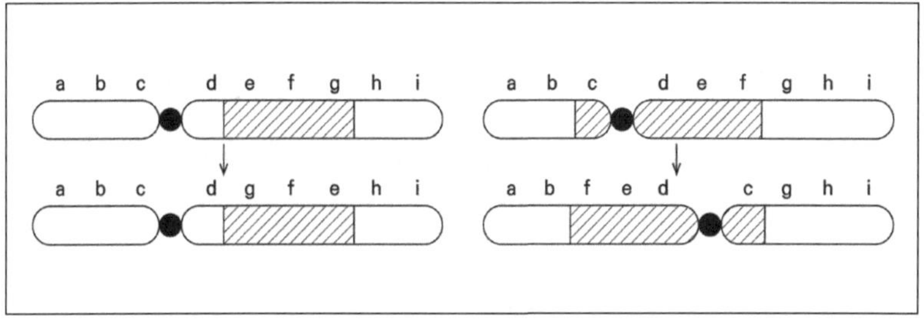

그림 5 | 염색체가 두 부위에서 끊어진 후 180° 회전하여 재결합하는 역위

수가 있다. 역위는 때에 따라서는 유전되기도 한다. 기타 다른 복잡한 염색체의 구조적 이상이 있지만, 흔한 것은 아니다.

염색체의 일부가 떨어져 나간 경우

때로는 결실이라고 하여 염색체의 일부가 끊어져 소실되는 수가 있다. 결실 부분의 크기나 결실이 일어나는 부위에 따라서 여러 가지 선천성 이상이 일어난다. 선천성 이상은 대단히 경미한 것에서부터 극히 심한 것까지 있다. 염색체 결실에 의해 선천성 기형아가 발생한 예를 소개한다.

영국 런던에서 있었던 일이다. Mary라는 27세 여성이 하루는 연관공에게 싱크대 수리를 의뢰했다. 당시 그녀에게는 생후 4주 된 아기가 있었다. 부엌 싱크대를 수리하던 수리공은 집에서 고양이를 기르냐고 물었다. 그 사람은 아기의 울음소리를 듣고 그렇게 말했기 때문에 그녀는 처음에는 화를 냈으나, 반신반의하면서 이후 2주 동안 아기의 울음소리에 주의를 기울이게 되었다. 놀랍게도 그녀는 아이의 울음소리가 역시 고양이 울음소리와 닮았다고 생각하게 되었다. 그리고 이 아기는 대단히 키우기도 힘들어서 의사에게 가보기로 했다. 그녀는 아이가 키우기 힘들다는 말부터 꺼냈으나 이상한 울음 쪽이 오히려 더 큰 걱정이라는 것은 이미 알고 있었다. 그녀의 임신 과정은 정상적이었고 가족의 내력에서도 유전성 질환은 없었다. 아기를 진찰해 보니 우선 체중이 정상 이하인 것을 알았다. 울음소리는 정말로 고양이와 완전히 닮았고 얼굴은 거의 둥글고 양쪽 눈이 너무 떨어져 있으며, 양손의 새끼손가락이 안쪽으로 다소 굽어 있는 데다가, 심장에도 잡음이 있다는 것을 알았다. 슬픈 일이었지만 임상진단은 고양이 울음소리 증후군이라는 것으로, 당시에는 아직 잘 알려지지 않았던 염색체 이상 증후군이었다. 염색체 검사를 통해 임상진단이 확인되었고 또 심한 육체적, 정신적 발달지연이라는 불행한 증세도 예상되었으며, 그 후 이 예상된 증세는 수개월에서 수십 년에 걸쳐 현실로 나타나게 되었다.

염색체의 절단

염색체 절단을 일으킬 가능성이 있는 환경 요인[2]은 많이 있다. 1971년 오클라호마(Oklahoma)주의 한 연구원은 분무식 접착제에 대량으로 피해를 입은 몇몇 환자에게서 염색체 절단이 일어난 것을 처음으로 발견했다. 이 보고는 국민적 관심을 불러일으켜 미국 연방 식품 의약품관리국(FDA)은 즉시 문제의 분무식 접착제에 대해 생산 금지 조치를 내렸다. 미국의 여러 연구소에 이런 접착제를 사용했을 때의 위험에 관한 질문과 염색체 검사의 요구가 쇄도했다. 오클라호마주의 연구가 예고적인 성질의 것이고 또 비교하기 위한 대조 환자 수가 충분하지 못했기 때문에 환자에게 적절한 지시를 할 수가 없었던 것이다. 실제로 검사를 받은 사람의 수는 많았으나, 대부분은 염색체가 정상이었다. 1974년 봄, 권위 있는 학술지인 『뉴 잉글랜드 의학저널』은 분무식 접착제의 증기를

2　환경 요인: 약 6,000여 종의 화학물질이 염색체 절단을 일으킬 수 있다. 담배 연기만 해도 이러한 물질 수십 종이 함유되어 있다.

다량으로 흡입한 사람들을 주의 깊게 조사한 결과, 염색체가 파괴되었다고는 말할 수 없다는 내용을 발표했다. 그 결과 FDA는 생산 금지 조치를 해제했으며, 그 후 문제는 일어나지 않았다.

기타 여러 가지 환경 요인도 염색체의 절단을 일으킬 수 있다. 예를 들면 위장의 연속촬영에 사용되는 정도의 X선 양으로도 체내 백혈구 염색체에 절단을 일으킬 수 있다. 일반적으로 이 현상은 일시적이기 때문에 유전적 문제는 되지 않는다. 그러나 태아가 X선 피폭을 당하면 중대한 장애가 일어날 수 있다. 단순한 바이러스 감염에 의해서도 염색체의 절단이 일어나지만 이로 인해 장래에 병적 영향이 꼭 나타나는 것은 아니다. LSD(lysergic acid diethylamide)[3]를 포함한 여러 약물에 의해서도 염색체 절단이 일어날지도 모르지만, 이 문제에 대해서는 나중에 좀 더 자세히 살펴보기로 하겠다. 이 장에서 언급한 거의 모든 내용은 44개의 상염색체[4]에 관한 것이었다. 그러나 유감스럽게도 유전병은 상염색체가 아닌 두 개의 성염색체와 더욱 많은 관련이 있다. 그래서 성염색체에 관한 문제를 다음 장의 주제로 삼았다.

3장

성염색체

성염색체는 남자나 여자의 성을 결정하는 데에 관여할 뿐만 아니라 불임, 월경이 없거나 불순 또는 남자의 발기 불능을 비롯한 여러 문제에 관계되는 경우가 많다. 아직 원인은 확실히 모르지만 어떤 경우에는 언어장애와 지적장애의 일부도 성염색체와 연관되어 있다.

사람의 경우 모든 세포에는 각각 46개의 염색체가 있는데, 그중 2개는 성과 관계되어 있다. 2장에서 설명한 바와 같이 여성의 성염색체는 X이고, 정상인 여자는 2개의 X염색체를 가지며(XX) 남성의 성염색체는 Y로서 정상인 남자는 XY로 이루어져 있다. 그러나 태아의 발육 시기에 일반 염색체에서 많은 변화가 생기듯이 성염색체에도 변화가 일어날 수 있다. 어떤 경우에는 남녀 모두 X 또는 Y염색체가 정상 수보다 훨씬 많을 수도 있고 반대로 부족한 경우도 간혹 찾아볼 수 있다.

만일 X염색체가 2개, 3개 또는 4개 있더라도 Y염색체를 갖게 되면 남성이 된다. Y염색체를 갖지 않은 남성은 매우 예외적인 경우인데, 이 경우에도 잘 보이지는 않지만 다른 염색체에 Y염색체의 작은 부위가 일부 부착되어 있으며, 이 작은 Y염색체의 단편 위에 남성을 결정짓는 유전자가 있어 그 힘이 작용하는 것이다.

성염색체에서도 다른 염색체와 같이 절단이나 결실 등의 이상 현상이 생길 수 있으며, 어떤 경우에는 한 사람의 몸에서 일부 세포는 정상인 성염색체를 가지고 일부 세포들은 비정상적인 성염색체를 가지는 이른바 모자이크 현상이 나타나기도 한다. 이와 같은 성염색체의 이상은 비교적 그 빈도가 높은 편으로 통계적으로 약 500명에 한 명꼴로 나타난다.

성염색체 수가 너무 많을 때

1942년 클라인펠터(Klinefelter) 박사는 특수한 환자들을 대상으로 연구한 바 있는데, 이들은 모두 젖가슴이 비정상적으로 발달했고 고환이 매우 작으며 정자 형성이 불가능한 남자들이었다. 이들의 소변에서는 몇 가지 성호르몬이 다량 검출되었고 이 현상은 거세된 남자의 소변에서 나타나는 현상과 동일했다. 체구는 여성적이고 마치 내시와 비슷했다.

이런 증상을 가진 환자는 비교적 많은 편이나, 사춘기 이후에야 증상이 뚜렷해지므로 사춘기 전에는 그 증상을 알 수 없다. 이들은 보통 사람보다 키가 크고 지능 정도가 낮은 것이 특징이며, 일반적으로 사회생활에 잘 적응하지 못하고 범죄에 연루되어 결국에는 정신병원에 수용되거나 감옥살이로 이어지는 경우도 흔하다.

이 같은 사실이 알려진 뒤 14년이 지난 1956년에 여러 나라의 많은 학자들이 연구한 결과, 이런 증상의 환자들에는 공통적으로 성염색체에 이상이 있었다. 즉, 정상인의 성염색체인 XY와는 달리 XXY로 X염색체가 한 개 더 많음을 발견했다. 이러한 환자를 발견자의 이름을 따서 '클라인펠터 증후군'이라 한다. 이 병에 걸린 Joey라는 16세 소년의 부모에 따르면 그는 매우 조용하고 젖가슴이 비정상이었다고 한다. 그의 부모는 계속해서 Joey에 관해 다음과 같은 이야기를 들려주었다. 이 소년은 매우 수줍은 성격으로, 다른 아이들과 잘 어울리지 못했고, 정서적으로 불안해 학교와 가정에서 항상 문제를 일으키고 학업성적도 부진해 3년이나 뒤처졌다고 한다. 또 같은 또래의 아이들보다 키가 훨씬 컸으며, 다섯째 손가락이 구부러졌다고 진술했다. 검진 결과 젖가슴이 여자처럼 크고 고환은 작고 미성숙한 상태였으며 지능 정도도 보통 이하였다. 염색체 조사 결과 XXY로서 X염색체 한 개가 더 많음을 확인했다. 이 검진 결과는 매우 중요한 것이었다. 일단 XXY로 판명되면 치료가 어느 정도 가능하기 때문이다. 이 소년은 평생 남성 호르몬 처리를 받게 되었고, 치료를 시작한 후 젖가슴이 정상으로 돌아오고 성격도 훨씬 남성적으로 변했으며, 비록 불임이기는 하지만 정상인과 같은 성생활이 가능하게 되었다.

Y염색체가 정상인보다 한 개 더 많은 경우가 있으며, 이러한 사람은 반드시 남성이 된다. 과거에는 XYY 증후군인 남자는 범죄와 깊은 관계가 있다고 믿었으나, 이 점에 대한 것은 논란의 여지가 있기 때문에 4장에서 상세히 다루겠다.

이 밖에도 성염색체 수에 많은 변화가 있음을 가끔 찾아볼 수 있다. 예컨대 정상인 46개의 염색체가 아니라 48개 또는 49개의 염색체를 가진 사람들이 있다. 여성 중에는 XXX로 X염색체가 한 개 더 많은 경우가 발견되는데 이들은 겉보기에는 신체적으로 정상인과 전혀 구별되지 않는다. 이들 대부분은 출산력도 정상인과 같으나 조사 결과 상당수가 정신질환으로 고통을 받고 있음이 밝혀졌다. 한 예로 영국에서 조사된 바에 따르면 XXX인 여성으로서 사춘기가 지난 24명 중 22명이 정신병원에 수용되어 있으며, 22명 중 2명은 지적장애였고, 5명은 조현병, 그리고 6명은 정신이상자였다. 비록 대부분의 XXX 여성들이 육체적으로는 비교적 정상적이고, 임신도 가능하지만, 정신이상에서 오는 비정상적 행동은 경우에 따라서는 큰 문제를 일으킬 가능성도 있다.

어떤 경우에는 4개의 X염색체를 가진 여성도 있다. 이들도 신체적으로나 생리적으로 정상인처럼 보이나 난소의 기능이 저하되어 있고, 모두 심한 지적장애로 IQ가 50에도 미치지 못한다.

성염색체 수가 적을 때

성염색체 수가 정상보다 적을 때도 문제가 된다. 여성의 경우 한 개의 X염색체가 결여되어 출생한 경우는 통칭 터너(Turner) 증후군이라 하며 신체적 이상자로 성장한다. 출생 시 외관상 여자이고 흔히 손등과 발등이 붓는 현상이 나타나지만 생후 1년쯤 되면 이 증상은 없어진다. 성년이 되어도 작은 키에 1.5m 이하의 단신이고, 목에 주름이 있으며, 이들 특유의 얼굴 생김새를 갖는다. 겨드랑이 털과 음모는 생기지만 거의 예외 없이 월경은 없다. 난소는 미성숙 상태이고, 결합조직으로 채워져 있어 임신이 불가능하다. 그러나 주기적으로 에스트로겐 호르몬 처리를 받으면 유방의 발달을 촉진시킬 수 있고 월경도 가능해진다. 그러나 갱년기 현상이 아주 빨리 오게 된다.

자연 유산아 100명 중 45~60명이 염색체 이상에 원인이 있다는 사실은 잘 알려져 있다. 원인은 아직 확실하지 않으나, 유산아 전체의 약 20퍼센트는 터너 증후군이라고 한다. 터너 증후군 환자 중 5퍼센트 정도는 우발적인 생리현상이 있고 임신도 가능하다고 한다. 그러나 임신

기는 불과 몇 년이라고 한다. 한 가지 진기한 일은 이들 증후군 환자가 임신하여 분만한 아이는 정상인에 비해 쌍둥이가 될 확률이 5배에서 10배 정도 높다고 한다. 또한 이들 쌍둥이는 대부분 일란성 쌍둥이라는 점도 흥미롭다.

모자이크 염색체 이상

앞에서 이야기한 바와 같이 한 개체 내에 정상 염색체와 이상 염색체를 가진 세포가 섞여 있는 모자이크 현상을 알아내는 일은 쉽지 않다. 이런 모자이크 현상은 어떤 조직에서 일어났느냐에 따라 사람마다 각기 다르다. 검진 결과 정상으로 보이는 부모 사이에서 출생한 아이에게 성염색체 이상이 나타나는 경우가 상당수 있다. 이런 경우 면밀한 검사를 하면 양친 중 한 사람에게 염색체 모자이크 현상이 있을 수도 있다.

모자이크 현상을 확인하는 일은 매우 어려운 작업이다. 일반적으로 모자이크 현상을 진단하는 조직으로는 백혈구세포, 골수세포, 피부세포 등인데, 이들 조직에서 모자이크 현상이 발견되지 않으면 일단 정상이라고 볼 수 있다. 그러나 이것이 정확한 진단이라고 할 수는 없다. 그 이유는 설사 이들 조직이 정상이라 하더라도 뇌세포는 비정상적인 염색체일 수 있기 때문이다.

성염색체는 정상으로 보이나 성 결정에 이상을 초래하는 경우도 간혹 있다. 이런 경우는 아마도 태아의 초기 발생 단계에서 어떤 변화가 생겨서, 어떤 성호르몬이 작용하여 생식기관 형성에 영향을 미친 결과로 볼 수 있다. 예를 들어 겉모습은 분명 남성인데, 여성인 XX염색체를 가진 경우가 있다. 이런 문제들은 아직도 해결해야 할 모호한 과제로 남아 있다.

이 시점에서 명확히 밝혀야 할 일은 현재까지의 연구 결과에 따르면 동성애, 성도착, 기타 심리학적인 성적 이상은 염색체 이상이나 기타 유전적 결함과는 무관하다는 점이다.

남자도 여자도 아닌 사람(간성)

간성이란 자웅양성의 내부 혹은 외부 생식기를 가진 환자를 묘사하는 용어이다. 이러한 환자는 질뿐만 아니라 음경도 가지고 있으며, 하나의 난소와 정소를 가지고 있다. 성염색체의 비정상은 일반적으로 간성과 관련되지 않는다. 이런 사람들은 불임일 수도, 불임이 아닐 수도 있다. 이들의 성기관은 유아적 수준이거나 대개 완전히 성숙하지 못한다. 예를 들어 간성 환자의 음경은 음핵 크기 정도에 머물러 있다. 이런 사람의 성을 구별하는 것은 현재에도 앞으로도 거의 불가능하다.

자웅동체

자웅동체는 출생 시부터 비극의 상징이자 동시에 희극으로 여겨져 왔다. 진정한 자웅동체인 환자는 고환과 난소가 분리되어 있거나 두 생식기가 결합되어 하나의 기관을 형성하기도 한다. 이 환자들의 외부 성기관은 변화가 다양해서 쉽게 진찰하기 힘들다. 이들은 겉보기에는 거의 완벽하게 여성 또는 남성일 수도 있고, 혹은 자웅 외부 성기관을 모두 가질 수도 있다. 이런 환자들의 대부분은 정상적인 여성 염색체를 가지고 있다. 그러나 일부는 정상적인 남성 염색체를 가지고 있고 나머지는 남녀 핵형이 혼합되어 있는 모자이크 상태이기도 하다. 사례 조사를 통해 이 문제를 좀 더 자세히 살펴보자.

John과 Merry는 첫 아들인 Joe가 탄생하자 매우 기뻤다. 출생 후 첫 번째 검진에서 소아과 의사는 Joe의 음경 끝에 위치한 구멍이나 요도가 음경의 아랫부분에 있음을 주목했다. 한쪽 고환은 서혜부[1]에 있었고, 그 밖의 다른 이상은 다행히 발견되지 않았다. 그 후 Joe는 외과적으로 음경 수술을 받았고, 이후 정상적으로 성장하여, 아무 이상 없이 사춘기에 도달했다. 그러나 사춘기 때 유방이 커지기 시작했으며, 한 달에 한 번 내지 두 번씩 오줌에 피가 섞여 나오는 고통을 겪어야 했다. Joe의 부모는 놀라서 병원을 찾아갔다. 검진 결과 Joe의 유방은 정상적인 여성의 것과 같아 보였으며, 음경은 다소 작았다. 한쪽 고환은 서혜부에 있었고 다른 쪽 고환은 정상적으로 보이지 않았으며, 그 쪽에 있는 서혜부 헤르니아(groin hernia)와 연결되어 있었다. 간성 상태라고 의심되었고, 여러 가지 검진 결과 Joe의 염색체는 두 개의 X염색체를 가진 여성임이 밝혀졌다. 또한 고환은 덜 발달해 있었고, 헤르니아와 연결된 반대쪽에는 빈약하게 분화된 정소와 난소가 결합되어 있다는 것이 밝

---

1   서혜부: 고환과 복강이 연결되는 잘록한 부위.

혀졌다. 더욱이 방광의 아랫부분에 작은 질이 있었으며, 이 때문에 오줌에 피가 섞여 나오는 것처럼 보였으나 사실은 이 시기가 월경이었던 것이다. 그리고 작고 미발달된 자궁은 질과 연결되어 있었다. 따라서 난소와 정소를 모두 가지고 있었기 때문에 Joe는 진정한 의미의 자웅동체로 판명되었다. 나중에 악성종양으로 발전할 수도 있다는 가능성을 고려하여 비정상적 기능을 가지는 정소와 반대쪽의 난소와 정소가 결합된 부분을 모두 제거하고, 더불어 미발달된 질과 자궁을 함께 제거했다. 그리고 헤르니아를 수술하고, 남성 호르몬을 이용하여 유방을 퇴화시켜 정상적인 크기로 되돌렸다. 그런 후 Joe는 비록 불임이지만 남성의 상태로 계속 성장할 수 있었다.

의사자웅동체

진정한 자웅동체와는 달리, 염색체는 정상적인 XX나 XY형이지만, 외부 생식기는 서로 반대의 성을 닮는 경향이 있다. 이를 의사자웅동체라고 한다. 이들을 정상화하기 위해서는 진짜 자웅동체와 같이 개복수술이 필요하다. 이런 남성은 고환을 가지고 있지만, 이것이 복부 안쪽에 존재하거나 서혜부에서 만나고 심지어는 음순에 있기도 하다. 이런 환자들은 종종 그들이 남성의 성염색체와 숨겨진 웅성생식기를 가지고 있음에도 잘 성숙된 여성으로 존재하거나 그렇게 보인다. 이들은 월경을 하지 않거나 임신의 어려움 때문에 병원을 찾게 된다. 이런 환자들의 약 3분의 2는 가족 중에서도 비슷한 현상이 나타날 가능성이 매우 높다. 그러나 이들은 가족 내에서조차 이러한 이상에 대해 이야기하지 않는다. 실제로 이런 정보는 상당 부분 숨겨져 있는 것 같다. 2만 5,000명 중 한 명꼴로 나타나는 여성의 의사자웅동체의 원인은 대부분이 부신성기(adrenogenital) 증후이다. 이런 현상은 양쪽 부모로부터 유전되며, 이 부모들은 겉으로는 정상적이지만 이 유전인자를 지니고 있다. 일반적으로 이러한 현상은 부신에서 코르티손(cortisone) 호르몬을 만들어 내지 못하고 동시에 남성에게는 거의 영향을 주지 않지만 여성을 남성화시키는 어떤 스테로이드성 호르몬을 과다하게 분비하기 때문에 발생한다. 코르티손의 양이 극도로 저하되면 이 사람은 2주일 안에 생존의 위기를 맞을 것이며, 즉시 코르티손을 투여하지 않으면 죽음에 이르게 된다. 코르티손을 영구적으로 매일 주사하면 이 사람은 정상적인 수명을 누릴 수 있다. 이런 증후군은 매우 형태가 다양하고 그중 일부는 고혈압과 관련되어 있다.

여성생식기가 남성화되는 현상은 어머니가 유산의 위험을 방지하는 프로게스테론(progesterone) 호르몬을 계속 분비할 때도 나타날 수 있다. 이 아이는 태어날 때 외부 생식기가 남성적으로 나타나지만 정상적인 여성 염색체를 가지고 있다. 이런 경우에는 코르티손 주사도 효과가 없다. 간성에 대한 조치와 치료는 실제로 매우 미묘하고 힘들다. 정상적인 여성 염색체를 가지고 태어난 사람이 여성적으로 양육되어야 한다는 것은 논리적으로 타당해 보이지만, 그렇게 양육하는 것이 항상 옳은 것은 아니다. 유전적인 면만을 고려하여 성을 결정지을 수는 없다. 간성인 사람의 성을 결정할 때 중요한 요소는 첫째, 출생 시 나타나는 외부적 성이고 둘째, 성에 따라 어린이가 자연스럽게 양육되는 것 그리고 셋째, 진단 후 성 결정의 딜레마에 빠지는 연령이다. 대체로 출생 후 몇 주, 몇 달 혹은 몇 년이 지나야 이런 현상이 발견된다. 이 어린이가 남성이건 여성이건 양육될 때의 성에 따르는 것이 바람직하다는 것이 일반적인 견해이다. 유아기를 제외하면, 성을 바꾸는 것은 현명하지 못하다. 그런데도 부모나 의사는 성 결정 앞에서 망설일 수밖에 없다. 간성과 같은 성적 이상은 개인과 가족에게 심각한 불화를 초래하며, 아주 정교한 치료를 필요로 한다. 심각한 심리적 충격은 조심스러운 치료로 피할 수 있고, 비록 수정은 불가능하지만 고통받는 개인을 비교적 정상적인 상태로 인도할 수 있다.

성은 어떻게 결정될까? 정소결정인자의 역할

1950년대에 인간의 염색체에 대한 분석이 가능해진 후 일차 성 결정에 Y염색체가 결정적인 역할을 한다는 사실이 밝혀졌다. Y염색체가 존재할 경우 정소가 나타나고, Y염색체가 없는 경우 난소가 나타난다. 이 규칙에 예외적으로 XX 남성, XY 여성, XX 자웅동체가 발견되었는데, 이는 일차 성 결정 기작의 연구에 중요한 실마리가 되었다. XX 남성은 Y염색체의 모든 부분이 정소 발생에 꼭 필요하지는 않음을 보여준다. 이와 비슷하게 XY 여성은 Y염색체상에 존재하리라 추정되는 정소결정인자(Testis Determining Factor, TDF)의 부재 때문으로 추정되었다.

최근에 TDF의 유전자가 분리되어 클로닝(cloning)[2]되었으며 그 분자적 특성에 관한 연구가 이루어졌다. TDF유전자의 염기서열(약 140kb[3])은 아연(Zn)이 함유된 Finger Protein이라 불리는 단백질을 만드는 것으로 알려졌는데, 이 단백질은 DNA와 결합하여 전사(transcription)[4]를 조절하는 일종의 전사조절인자이다. TDF는 6주 된 배아의 생식융기로 하여금 난소보다 정소를 형성하도록 유도하는 유전자일 것이다. TDF 유전자는 아주 작은 DNA 조각으로 Y염색체에 위치하고 XX 남성에도 존재하며, Y DNA의 아주 작은 부분을 잃어버린 XY 여성에게는 나타나지 않는다. X염색체의 단완(short arm) 부위의 말단 반쪽에서 TDF와 매우 유사한 염기 부위가 있음은 매우 흥미로운 사실이다. TDF와 염기서열이 유사한 X염색체의 염기 부위가 성 결정에 관여되는지, 어디서, 언제 그리고 얼마나 많은 TDF가 전사되는지, X염색체상의 TDF와 염기서열상 유사한 부위는 어떤 유전자를 포함하고 있는지, 그 유전자가 전사되는지, X와 Y염색체의 유전자 산물은 서로 어떻게 다른지 등 성 결정에 관한 많은 의문에 대해서 앞으로의 분자생물학적 연구가 답하게 될 날은 머지않았다.

인간의 Y염색체에 대한 자세한 분자적 유전자 지도와 성염색체의 의사상염색체(pseudoautosome)의 절편의 발견은 TDF가 어떻게 부계

2　클로닝: 특정 유전자만을 순수하게 대량 생산하는 것.

3　kb(kilobase pair): DNA나 RNA의 길이를 나타내는 단위로 1,000염기쌍.

4　전사: DNA의 유전 정보로부터 RNA를 만드는 과정.

의 감수분열 기간 중 부계 X염색체로 이동되는지에 대한 연구의 길을 열었다. XX 남성은 감수분열할 때 Y염색체의 TDF가 X염색체로 전좌된 결과이며, XY 여성은 Y염색체에서 TDF가 손실된 결과라고 추정되며 이와 비슷하게 45, XX 남성은 Y염색체의 전위나 모자이크 현상에 의해 TDF 존재가 설명될 수 있다. 이러한 발견은 성전환의 많은 현상을 설명할 수 있으나 전부를 설명하지는 못한다. XX 남성의 10~20퍼센트는 TDF를 가지고 있지 않다. 그리고 대부분의 XY 여성은 TDF를 포함하고 있는 정상적인 Y염색체를 가지고 있는 것으로 나타난다. 더 나아가 XX 자웅동체에 대한 분자적 연구는 TDF의 존재를 보이지 못했다. TDF와 매우 유사성을 보이는 어떤 유전자가 X염색체에 존재하며, 이 유전자의 단백질 산물이 TDF에 반대로 작용한다고 가정하면, TDF와 이 단백질은 다른 상염색체의 유전자를 조절하거나 X, Y염색체상의 유전자가 한 종의 단백질에 대해 서로 다른 소단위를 각각 따로따로 만들 것이다. 이 모델에 따르면 이형이중체(XY세포에 의해 형성)는 정소결정인자로 작용하지만, 동형이중체(XX세포에 의해 형성)는 그렇지 못하다. 이 모델은 손상받지 않은 Y염색체를 가지고 있는 XY 여성과 X에 연관된 특징으로 유전되는 XY 생식소 이상을 잘 설명해 줄 수 있다. 정소결정 단백질이 상염색체의 유전자 발현을 필요로 하는 한, 상염색체의 우성 돌연변이는 가계 내 XX 남성 또는 자웅동체의 원인이 될 수도 있는 것이다.

더 흥미로운 가능성은 성이 유전적으로 질적인 면보다는 양적인 면에 의해 결정된다는 것이다. 이 가설에 따르면 X와 Y염색체상의 유전자는 동일하며 서로 교체 가능한 단백질을 만들어 낸다. 즉, 단일량일 경우 여성으로 결정되며 2배일 경우 남성으로 결정된다. 이 가설은 2개의 X염색체 중 1개가 불활성화[5]됨을 가정하고 있다. 이 가설로 비정상적인 성 결정의 대부분의 예를 설명할 수 있다. 즉 Y DNA를 갖지 않는 XX 남성은 X염색체상의 부위가 불활성화되지 못한 결과로 설명될 수 있으며, XX 자웅동체는 생식융기의 다른 부위에 있는 X염색체가 서로 다르게 불활성화되어 나타나는 것으로 생각된다. 양적 가설(Dosage Hypothesis)은 또한 가계 내의 XY 여성 역시 X염색체 유전자의 불활성화 결과로 설명하고 있다. 양(dosage)에 의한 성 결정의 가설을 검증하는 하나의 방법은 X로부터 얻은 유전자를 XX 배아의 게놈(genome)에 더해 주는 것이다. 이때 전달된 유전자가 불활성화되지 않는다면 정소분화의 결과를 가져올 것이다. 더 나아가 Y DNA를 가지고 있거나 가지고 있지 않은 XX 남성에서 XX 자웅동체 생식소의 정소 그리고 난소 부분에서 X염색체 부위의 불활성화 상태를 결정하는 것이 가능해질 것이다. 이러한 연구는 TDF의 단백질 산물과 그의 X염색체 대응부에 대한 특성뿐만 아니라 이와 더불어 성 결정에 관한 보다 자세한 분자적 이해를 위한 가능성을 제시할 것이다. 그러나 분명한 것은 인간이 1991년 현재 우리 자신의 원초적인 의문 중에 하나인 성 결

5　X염색체 불활성화: 여성의 2개 X염색체 중 1개는 발생 초기에 불활성화되어 유전적 기능을 상실한다.

정 기작을 확실히 모른다는 점이다. 왜냐하면 성 결정이란 단순한 현상이 아닌 일련의 연속적인 세포→조직→기관의 분화 과정과 연계되어 있기 때문이다. 분화 현상에 대한 생물학적 도전은 이제야 시작되었다.

4장

범죄 행동과 관련된 염색체 이상

범죄는 과연 유전과 관계가 있는 것일까? 혹은 전적으로 환경 때문인가? 하는 호기심이 생긴다.

전 세계적으로 폭력이 점차 증가하면서 이는 날로 심각한 사회문제로 대두되고 있다. 다수의 정부 관리들과 많은 학자들이 탈선적인 행동의 원인과 해결책을 찾는 데 고심하고 있다. 결손가정, 어린이 학대, 심리적 및 육체적 결함, 빈곤, 빈민가의 복잡한 생활상 등 다양한 사회적 요인들이 이와 관련되어 있는데, 이런 것들과 어린아이들에 작용하는 또 다른 요인들 때문에 범죄나 탈선적인 행동이 유발되는 것이다. 전적으로 어느 한 가지 원인만을 지적할 수는 없겠지만, 정신적 질환이나 정신병적 성향에 대한 소질이 사회문제를 일으키는 주요 원인 중 하나임에는 틀림이 없다.

어린이를 학대하는 사람들은 흔히 어린 시절에 학대를 받았던 사람들이라고 잘 알려져 있지만, 습관이 유전된다는 증거는 없다. 폭력 범죄는 같은 가족 내에서 발생할 수도 있다. 미국 오하이오(Ohio)주에 있었던 어떤 한 가정의 경우를 예로 들면, 이 가정의 막내아들이 네 살 때 그의 아버지가 어머니를 죽였다. 이 소년은 18세가 되었을 때 역시 살인을 저질렀다. 이런 경우 아버지의 과격한 공격성이 유전되었다고 할 수 있는가? 아니면 단순히 같은 가족 내에서 일어난 우연한 사건인가? 또는 어린 시절의 환경적인 마음의 상처가 성장 후에 반영된 것이라고 말할 수 있는가?

XYY형 염색체

최근까지도 범죄나 탈선행위가 유전적 요인에 의해 발생한다고는 일반적으로 생각하지 않았다. 그런데 1961년 우연히 여분의 Y염색체를 가진 남자가 발견되었다. 그는 다운증후군의 자녀를 가진 아버지였기 때문에 염색체를 조사했던 것이다. 그 후 얼마 지나서 과학자들은 한 개인의 탈선적인 행동의 원인이 비정상적인 성염색체와 관계가 있을지도 모른다고 의문을 갖게 되었다. 1965년 제이컵스(Jacobs) 연구팀이 에든버러(Edinburgh)에서 연구 결과를 발표했을 때, 국제적인 관심이 집중되었다. 연구팀은 여분의 Y염색체 존재가 공격적 행동과 어떤 관계가 있는지를 결정하기 위해서 지적 능력이 낮고 폭력 범죄로 인해 특별 보호시설에 수용 중인 남성의 염색체를 조사 분석했다. 196명의 남성 중 6.1퍼센트가 염색체 이상을 나타냈고, 그중 3.6퍼센트는 여분의 Y염색체를 가지고 있어서 성염색체는 XYY로 구성되어 있었다. 그러나 학자들은 감호시설에 있는 XYY염색체를 가진 남성들이 염색체로 인해 반사회적이거나 범죄형이 되었는지 혹은 호르몬의 불균형에서 오는 단순한 지적장애 때문인지 확실하지 않다는 점을 조심스럽게 이야기했다.

XYY 남성의 특성

과거에는 XYY 증후군에 대해 키가 크고, 팔과 다리가 길며, 얼굴에 여드름이 많고, 가벼운 지적장애를 수반하며, 극도로 공격적이고, 위험하며, 반사회적인 행동을 보이는 특징이 있는 것으로 설명해 왔다. 이러한 설명은 주로 죄수들을 대상으로 조사하여 얻어낸 결과들이었다. 그런데 최근에 정상적으로 분만한 남아와 성인 남자집단을 대상으로 염색체를 조사한 결과, XYY염색체를 지닌 사람들의 행동과 신체적 특징이 매우 다양하다는 것을 알게 되었다. 어쨌든 더 많은 연구가 필요하겠지만 최근 알려진 바에 따르면 XYY염색체를 가진 남성은 여러 면에서 지극히 정상적이며, 행동의 불안감도 그렇게 심하지 않고, 한계지능을 가졌거나, 혹은 약간의 비정상적인 신체조건(예를 들면 다섯째 손가락이 굽어짐)이 보일 뿐이다.

미국 존스 홉킨스(Johns Hopkins) 대학교 의과대학의 연구에 따르면 XYY 증후군은 충동적인 행동이 좀 심하다고 조심스럽게 지적하고 있다. 그리고 이 XYY 증후군은 혼자 있기를 좋아하는 것으로 보이나, 성적인 행동에 있어서는 비정상적인 면이 나타나지 않는다.

여분의 Y염색체를 가진 소년

캐나다의 소아과 의사들과 유전학자들은 최근 여분의 Y염색체를 가진 네 명의 남아에 관한 연구 결과를 보고했다. 이 네 명은 모두 어떤 뚜렷한 신체적 이상은 없었지만, 그중 세 명은 손바닥의 손금이 비정상이었다. 아이들은 좋아 보였고 건강한 신체를 가졌다. 아무도 특별히 키가 크지 않았고, 한 명만 심한 언어장애를 보였다. 나머지 세 명은 행동과 지능 면에서 지극히 정상적이었고, 공격적이거나 파괴적이지도 않았다.

아이들은 다루기 힘들지도 않았고 오히려 쾌활하고 사랑스러웠다. 그러나 한 아이는 생후 2년 9개월째에 다시 조사했을 때 공격성이 보였고, 다른 아이들과의 관계도 좋지 않았다. 이 아이는 모래나 페인트 조각 같은 이상한 것을 먹는 습관이 있었고(이러한 증상을 이식증이라고 함) 언어 능력과 지능이 저하되었으며, 겁이 많고 불안정했다.

이 아이의 경우 인격적 결손은 단지 양육의 문제에서 비롯된 것으로 해석될 수 있었다. 여분의 Y염색체는 우연이었던 것이다. 이 아이의 아버지는 17세의 미혼인 상태에서 이 아이를 얻었다. 이 17세의 아버지에게는 역시 지적 능력이 낮은 형제가 있었고, 그의 어머니는 조현병 환자였다. 아이의 어머니는 도무지 믿기 어려울 만큼 변덕스러웠으며, 뚜렷한 이유도, 확실한 목표도 없이 집을 나가곤 했다. 아이는 두 살까지는 이렇게 정서적으로 열악한 환경에서 양육되었고, 그 뒤는 양부모 아래서 자랐다. 그래서 이 아이는 매우 고집스러운 성격이 형성되었고 두 살짜리 아이라고 보기에는 놀라울 정도로 극도의 반항적인 태도를 지닌, 돌덩이 같은 아이가 되었던 것이다. 보는 물건마다 던지고 다른 아이들, 심지어는 어른까지 물어뜯었다. 그리고 쓰레기, 자갈, 비누 같은 것을 먹곤 했다.

여분의 Y염색체를 가진 어린이를 조사한 결과, 몇몇 아이들은 반항적인 성격, 파괴성, 욕구불만 시 감정의 촉발, 그리고 위험한 장소에 올라가려는 성향 등이 밝혀졌는데, 모두 네 살무렵에 나타난 성격들이었다. 그렇지만 그런 정도를 가지고 우리가 모두 심리학 전문가인 척할 수는 없다. 왜냐하면 염색체가 정상적인 아이들도 그 나이에는 일상적으로 그럴 수 있기 때문이다. 우리는 흔히 부모들이 "그러니 애들이지"라는 말을 쓰는 것을 늘 보게 된다.

기타 문제

전체 남성집단에서 XYY 증후군이 어떤 비율로 발생하는지에 대해서는 아직 불분명하다. 5만 명의 신생아을 대상으로 한 조사 자료에 따르면, 1,000명의 남성 중 한 명꼴로 XYY 증후군이 발생하는 것으로 보인다.

영국에서 보고된 자료에 따르면 잉글랜드(England), 웨일스(Wales) 그리고 스코틀랜드(Scotland)에서 1972년과 1973년에 네 군데 보호 감호소에 수용된 남자들의 2.1퍼센트가 XYY 증후군으로 나타났다. 이 조사가 시행되었던 2년 동안에 XYY 증후군의 70퍼센트가 15세에서 20세 사이였는데, 이는 수용된 인원 중 15~20세 사이의 남자 16명당 한 명이 XYY 증후군이라는 의미가 된다. 일부 보고에 따르면 유죄로 선고된 사람들이 9세 혹은 10세의 아주 어린 소년들이었다. 통계에만 의존한다면, 정상 남성이 평생 한 번 보호 감호소에 갈 확률은 1,000분의 1이라고 한다. 그러나 XYY 증후군인 사람이 보호 감호소 신세를 지는 확률은 100분의 1이라고 하니, XYY 증후군 환자는 보호 감호소에 갈 확률이 10배나 높은 셈이다.

정신질환자들이나 감호시설에 수감 중인 사람들 집단에서 XYY 증후군의 빈도가 높게 나타나는 것은 이제 상식이 되었고, 다만 여분의 Y

염색체가 어떻게 그러한 성향과 관계가 있느냐 하는 것을 명확히 밝히는 문제만이 남아 있다.

쌍둥이와 범죄

일란성 쌍둥이와 이란성 쌍둥이를 비교 조사한 보고에 따르면, 형제가 모두 범죄를 저지를 확률이 일란성 쌍둥이에서 더욱 높다. 이는 범죄가 유전적 요인과 관련이 있음을 의미한다고 하겠다. 그러나 불행히도 가족적 요인과 환경적 요인을 고려할 수 있는 방법으로 연구가 수행되지 않았기 때문에 범죄에 대한 유전적 요인을 주장할 만한 증거가 되지는 못한다. 통상적인 경우에도 이와 비슷한 점을 발견할 수 있다. 부모와 아이들 모두 체중이 무거운 가족들을 잠시 생각해 보자. 비만이 유전적 요인 때문이라고 생각할 수 있겠지만, 가족 모두가 항상 많은 양의 음식을 먹고 있다는 사실을 고려한다면, 유전적 요인 때문이라는 생각은 수정되어야 할 것이다.

기타 염색체 이상과 탈선적 행동

지적장애인과 위험한 범죄자들에 대한 조사 결과, 성염색체에 이상이 있는 남성이 높은 빈도로 나타난 것은 매우 흥미로운 일이다. XXY라든지 심지어는 XXYY 같은 것도 있다. 따라서 XYY 남성을 단순히 "범죄형"으로 구분할 수도 없다. 예를 들면, 프랑스의 육군과 헌혈자의 조사에서 확인된 11명의 XYY 남성의 경우, 전혀 범죄나 탈선적인 행동의 기록이 없었다. 또 영국의 불임전문 병원에서 발견된 7명의 XYY 남성은 정신질환이나 비정상적인 행동을 보인 적이 전혀 없었으며, 준법정신이 강한 모범적인 시민이었다.

이들의 자유를 구속해도 좋은가?

이 문제와 관련하여, 1969년 『조지타운(Georgetown) 법학잡지』에서는 XYY 염색체를 가진 개인이 법을 어겼다는 확증 없이 그의 자유를 제한하는 것이 정당화될 수 있는지에 대한 강한 의문을 제기했다. "성적인 정신질환"을 방지하기 위한 특별한 법률은 피고가 반드시 죄를 범했다는 확증이 없음에도, XYY라는 사실만으로 피고인의 자유를 모호하게 구속하는 사태로 발전될 가능성이 있다. 앞서 이야기한 바와 같이 XYY 남성을 염색체 구성이 그렇다는 이유 하나만으로 단순히 범죄자로 규정할 수 없다는 점은 명백하다.

XYY 남성의 경우 정상적인 생식 능력을 가지고 있으며, 신생아 집단을 조사한 결과 보통의 지능지수를 나타냈다. 그러나 덴마크 성인 집단에서는 보통 사람보다 현저히 지능지수가 낮았다. 이것은 아마 염색체 이상 자체보다는 뇌의 기능 저하에서 비롯된 것이 아닌가 생각된다. 결론적으로 XYY 남성의 주요 기능과 역할은 사회적으로 별문제가 없다고 말하는 것이 타당할 것 같다.

XYY 태아의 산전진단

태아의 유전학적 연구 과정에서 몇 가지 XYY 사례가 발견되었다. 다운 증후군을 진단하려는 과정에서 예상외로 XYY 태아가 발견된 것이다. 만약에 이 책을 읽는 독자나 그 배우자가 XYY염색체를 가진 태아를 임신하고 있음이 밝혀진다면 어떻게 하겠는가? 비록 염색체 구성은 XYY 일지라도 탈선적인 행동을 하지 않고 정상적인 생활을 할 수 있으리라고 낙관할 것인가? 아니면, 확실한 자료는 아니지만, 보호 감호소에 갈 확률이 100분의 1이라는 자료를 믿을 것인가? 이런 경우 부모들은 당혹감과 현존하는 지식의 불완전성 때문에 유산을 시켜야 할지 낳아야 할지 고민하게 될 것이다.

어려운 문제점들

XYY염색체를 가진 남성에 대해 좀 더 많은 연구가 필요하다고 인식한 여러 연구기관에서는 새로 태어나는 아이들을 대상으로 이러한 염색체 이상의 발생 빈도를 조사할 뿐만 아니라, 이들의 향후 발달 과정을 추적하기 위해 대규모의 집단 검진 연구를 시작했다.

이들 연구는 모두 심한 비판을 받았다. 특히 하버드(Harvard) 의과대학 병원에서 행한 연구는 연구자들의 권리가 침해될 정도로 심한 비판을 받았다. 비판 중에는 연구 대상자들의 동의 없이 연구가 행해졌다는 사실과 연구에서 얻은 결과의 중요성이 의문시된 점 등이 지적되었다. 이른바 사전 단정으로 인한 선입견의 영향을 문제 삼는 비판에 대해서는 많은 지면을 할애해 논의해도 좋을 만큼 중요하다고 생각된다.

선입견의 영향

여러분이 외관상 정상적으로 보이는 남자아이의 부모라고 가정하고, 아이가 태어나기 전에 이미 혈액을 채취하여 염색체 분석을 하는 신생아 검진 프로그램에 참여하는 데 동의했다고 하자. 뜻밖에도 그 아이가 XYY염색체를 지니고 있는 것으로 밝혀진 경우, 여러분은 의사가 차라리 이 사실을 여러분에게 알리지 않는 것이 낫다고 생각하지 않겠는가? 결국 앞에서 논의한 바와 같이 XYY염색체를 지닌 남자아이의 지능이나 행동 양식이 어떻게 나타날 것인지를 사전 연구하는 것은 아직 확실하지 않으며, 이는 자명한 사실이다. 하지만 이렇게 불확실하다는 사실을 알았다고 해서, 여러분과 여러분의 배우자는 아이에 대한 정보를 알려고 하지 않을 것인가? 여러분의 아들이 비정상적 염색체를 가지고 있다는 사실을 알게 된다면 아이를 키우는 방법에도 쉽게 영향을 미치게 될 것이다. 예를 들어 여러분은 아이가 염색체 이상이 있다는 것을 알게 되면 좀 더 조심스럽게 대하거나, 특별한 요구를 하거나, 훈련을 시키려는 등 여러 가지 시도를 해 볼 것이다. 그러므로 Y염색체를 하나 더 가진 아이를 연구하는 의사는 본의 아니게 이들의 부모를 통해 아이의 행동 양식에 영향을 주는 데 책임을 지게 된다. 실제로 이러한 비판과 같이 이렇게 XYY염색체를 가지고 있음을 알게 됨으로써, 부모가 아이의 어떤 나쁜 행동을 보면 아이가 미래에 범죄를 저지르게 될 암시라고 해석하게 된다. 따라서 부모는 과잉반응을 보이게 되므로 아이의 행동발달에 나쁜 영향을 주게 된다. 예를 들어 아이가 곤충 혹은 개구리 해부를 즐기는 경우 이 아이에게 Y염색체가 하나 더 있다는 것을 아는 부모는 아이의 행동을 명백한 살인 성향으로 해석하게 된다. 좀 더 합리적이고 이성적으로 생각해 보면 이 아이는 생물학에 큰 흥미를 가졌다고 할 수 있지만, 부모가 이러한 흥미를 억제한다면 아이의 어린 시절은 더욱 나쁘게 영향을 받게 될 것이다.

만일 여러분이 한 아이를 입양하려 하는데 그 아이가 XYY염색체를 가지고 있다는 것을 알았다면 입양 수속을 밟겠는가? 실제로 미국의 존스 홉킨스 대학의 연구소에서 발표한 것을 보면 XYY염색체를 가진 아이 23명 중 3명만이 입양되었기 때문에, 이 문제는 현실로 나타났다. 앞에서 논의한 바와 같이 문제점을 내포하고 있음에도 불구하고 여러분은 입양하기 전에 어린이의 염색체 정보를 알 권리를 주장하지 않겠는가? 또 이런 상황에서 XYY염색체에 관한 사실을 입양하기 전 여러분이 알지 못한다면, 이는 불법적인 일이 될 것이다. 그러므로 출산 전에 이러한 진단이 이루어졌다면 부모에게 XYY염색체에 대한 가장 최근의 그리고 정확한 지식을 전해 주고 그러한 지식의 본질과 한계를 강조하는 것이 가장 현명한 방법이다.

정신이상을 입증하기 위한 방안

최근 피고 측이 정신이상이라는 사실을 참작해 줄 것을 주장하며 비정상적 염색체를 증거로 들고나온 형사 재판이 여섯 건 있었다. 이러한 변론은 피고인 혹은 범죄자가 범행 당시 정신질환이 있을 경우 무죄로 풀린다는 법적 개념을 참조로 한 것이다. 이때 변호인은 먼저 피고가 정말로 정신질환으로 고통을 받았음을 증명해야 한다. 더욱이 이 정신질환과 기소된 범행과의 연관성이 입증되어야 한다.

XYY염색체를 정신이상의 증거 자료로 제출한 변호는 1968년 4월 프랑스에서 처음 있었다. 피고인 Hugon은 파리의 한 호텔에서 65세의 여인을 살해한 혐의로 기소되었다. 그는 자살을 기도했는데, 염색체를 분석해 본 결과 XYY염색체를 가지고 있음이 밝혀졌다. 그럼에도 그는 법적으로 정상적인 정신 상태에서 살인을 저지른 것으로 판정되었다. 비슷한 범행을 저질렀을 경우, 정상인에게는 15년의 구형이 내려져야 하는데도 그의 변호인 측은 5~10년의 형을 요구했고 그는 7년형을 선고받았다.

같은 해 호주에서는 21세의 Hannel이 77세 된 그의 주인집 여성을 살해한 혐의로 기소되었는데, 이때도 XYY염색체를 정신이상이라는 증거 자료로 제출했다. 단 11분간의 변호인 측 발언 후 재판관은 정신이상자에 대한 특례를 적용해 무죄를 판결했고 Hannel은 치료될 때까지 정신병원에 보호되도록 조치되었다. 비슷한 경우지만, 달리 판결이 난 예도 있었다. 20세의 농장 일꾼인 Beck은 세 여성을 살해한 혐의로 1968년 11월 독일 빌레펠트(Bielefeld)에서 재판을 받았다. 법정은 Beck이 살해 충동을 억제할 수 없는 상태였을지도 모르지만 스스로 살인을 저지르고 있음을 분명히 알고 있었다는 검사 측의 주장을 받아들여 무기징역을 선고했다.

1969년 4월 뉴욕에서는 키 2m의 26세 남성 Farley가 40세 여성을 그녀의 집 근처 골목에서 성폭행하고 잔인하게 살해했다. 이에 대해 변호인 측은 정신이상을 이유로 들어 무죄를 주장했다. 그러나 검사 측은 반대 심문에서 XYY염색체를 가진 경우에도 정상적인 생활이 가능하다고 주장했고, 배심원들은 이를 받아들여 Farley에게 1급 살인죄를 적용했다.

XYY염색체를 가졌다고 하더라도 유죄판결을 받은 사례가 다른 경우에도 있었다. 그중 유명한 예는 시카고(Chicago)에서 8명의 간호사를 죽인 혐의로 유죄판결을 받은 Speck의 경우인데 그는 정상적인 염색체를 가지고 있었음에도 불구하고 XYY로 잘못 분석되었다. Y염색체가 하나 더 있을 때 나타나는 증후를 판단하는 데는 많은 어려움이 있기 때문에 특별한 방법으로 공동연구가 시작되었다. 덴마크와 미국 학자들에 의해 수행된 이 연구는 편견을 가능한 배제하는 방법으로서, 어느 지역사회에 사는 XYY염색체를 가진 남성을 연구대상으로 했다. 덴마크에는 가족들의 사회적인 기록이 잘 보존되어 있기 때문에 그들을 연구대상 지역으로 선정했다.

큰 키와 XYY의 상관성

연구원들은 코펜하겐(Copenhagen)에서 1944년 1월 1일부터 1947년 12월 31일 사이에 태어난 사람을 대상으로, 연구 가능한 3만 1,436명 중 2만 8,884명의 남성을 조사하여, 키가 1.8m 이상인 4,139명의 남성의 염색체를 분석했다. 여기서 12명의 XYY인 남성, 16명의 XXY인 남성을 발견했는데, 한 번 이상의 범죄를 저지른 비율은 정상염색체를 가진 자가 9.3퍼센트인데 비해, XYY 남성은 41.7퍼센트, XXY 남성은 18.8퍼센트였다. XYY와 XXY 남성 사이에 나타난 범죄율의 차이는 통계적으로 유의하지 않았다. 더구나 폭력범의 경우 정상 염색체를 가진 남성이나 XXY 남성보다, XYY인 남성에서 더 자주 발생하지도 않았다. 그러므로 이 연구에서는 XYY 남성이 정상 남성보다 범죄를 저지르는 비율은 더 높지만, XXY 남성보다 높은 것은 아니라고 보고했다. XYY와 XXY 남성은 정상인보다 교육 수준과 지능지수가 낮았으나 XYY 남성이 특히 공격적이라는 증거는 찾을 수 없었으며, 실제로 이 연구에서 XYY 남성이 반사회적 행동을 하는 것은 유전적 범죄 성향이라기보다는 지적 수준이 낮기 때문임을 보여주고 있다.

결론

XYY와 XXY 남성은 XY인 정상 남성보다 결국 정신병원이나 형무소에 갈 빈도가 높다는 것은 확실하다. Y염색체가 하나 더 있는 것이 범죄 행동을 유도하는 성향이 있다는 생각은 타파되어야 할 것이다. XYY 남성이 문제가 되는 가장 가능한 이유는 반사회적 행동과 관련된 낮은 지적 수준 때문이다. 충동적이고 조절할 수 없는 성격으로 인해 고립적인 상태나 학교에서의 태만 같은 모습이 XYY 증후군에서 나온 것인지는 다른 연구에서 해결되기를 기대한다. 한편 XYY 남성 태아를 발견한 부모가 유산을 결정하거나, 반대하는 것에 대해서는 어떤가? 많은 사람들은 낮은 지능과 반사회적 행동이 있다는 사실에 동요될 수 있겠지만, 다른 사람은 그들 자식이 다른 사람의 자식처럼 정상적이고 비폭력적인 XYY 어린이가 될 것이라고 생각할지도 모른다.

5장

유전자와 인종

우리는 모두가 호모 사피엔스(Homo sapiens)라는 단일종의 구성원이면서도, 서로 다르다는 생각을 많이 하고 있으며, 사실 다르다. 단일종이긴 하나 종 내 집단 사이의 다양성은 매우 크다. 중요한 차이 중 하나는 인종 간의 변이이다. 인종은 보통 아프리카인(흑인종), 유럽인(백인종), 동양인(황인종)의 세 집단으로 구분된다. 오늘날 이 세 인종은 전 세계에 걸쳐 살고 있으며, 각 인종 간의 혼혈(교잡) 또한 활발하다. 피부색이 뚜렷할 때는 이 사람이 어느 인종인지 구분하기가 쉬우나 혼혈이 반복되면 기원을 추적하기가 어려워진다. 유전자에 의한 인종의 차이를 연구하는 것은 이런 점에서 매우 유용하다. 그러나 인종 내의 집단 사이의 차이가 인종 사이의 차이보다 더 크게 나타나는 경우도 있음을 유의해야 한다.

특정 혈액형과 같은 유전적 특성은 그 자체만으로도 한 개인의 종족 구분을 가능하게 하기도 한다. 실제로 아프리카인은 모두가 Duffy 혈액형[1]을 가지고 있으나 백인종은 단지 3퍼센트 정도에서만 나타나고 있다. Rh(-)형은 흑인종에서는 드물게 나타나지만 백인종에서는 흔하게 나타난다. 이러한 것들은 인종의 분화 과정 추적에 중요한 실마리를 제공해 줄 수 있다.

---

1 Duffy 혈액형: Fy라는 항원에 대한 혈청 반응에 따라 분류한 혈액형.

유전적 이점

특정 지역에 거주하는 사람들이 가지고 있는 어떤 유전자는 그들의 생존에 유리하게 작용하고 있는 것으로 알려져 있다. 우리는 그 대표적인 예를 겸형 적혈구 빈혈증에서 살펴볼 수 있다. 이는 흑인종, 그리스인, 아시아 인디언 집단에서 연 10만 명의 사망자를 초래하는 유전병이다. 그런데 근래의 연구에 따르면 말라리아가 창궐하는 지역에서 이 질병의 발생 빈도가 높다는 것이 밝혀졌다〈그림 6〉. 또한 이 질병의 유전자를 지닌 사람은 오히려 말라리아에 더 큰 저항성을 지니는 것으로 알려졌다. 이 질병은 열성 유전자에 의해 발생하기 때문에 보인자는 발병하지 않는다. 따라서 이 질병의 유전자를 전혀 가지지 않은 정상인에 비해 보인자는 이득을 가지며, 말라리아에 대항하는 측면에서는 유리한 고지에 있는 생존의 적격자라고 할 수 있다.

특정 유전자를 가지는 사람이 생존에 유리한 유전적 이점의 예는 또 다른 질병에서도 찾아볼 수 있다. 지중해 빈혈은 겸형 적혈구 빈혈증과 비슷한 치명적인 유전병으로 지중해 연안의 사람들에게서 주로 발견된다. 이 질병의 보인자 역시 말라리아에 대한 저항성이 크다. 반성유전을 하는 G-6-PD결핍증의 보인자(여자에게만 있음) 역시 말라리아에 저항성이 큰데 이 사람들은 말라리아 발생 지역에서 많이 나타나고 있다. 동유럽에서 테이-삭스(Tay-Sachs)병의 보인자가 결핵균에 대한 저항성이 크다는, 아직은 미확인된 유전적 이점의 예도 보고되고 있다.

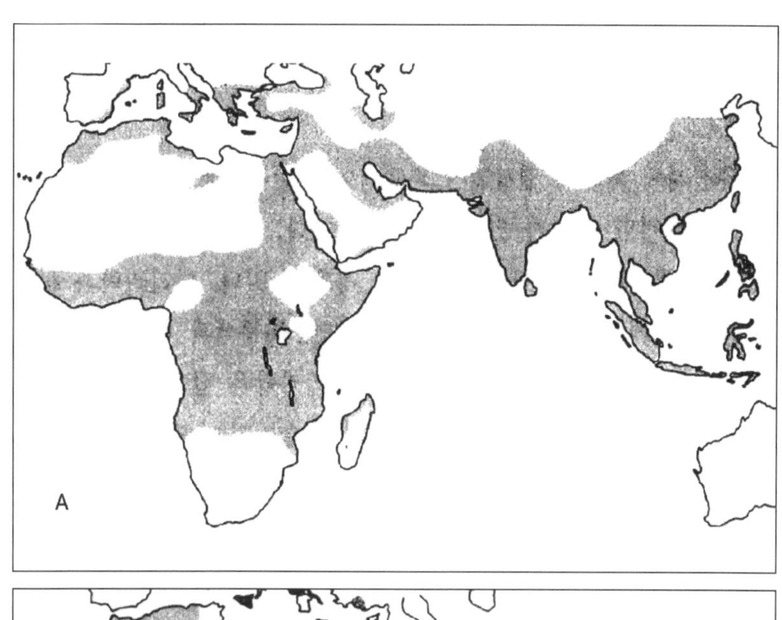

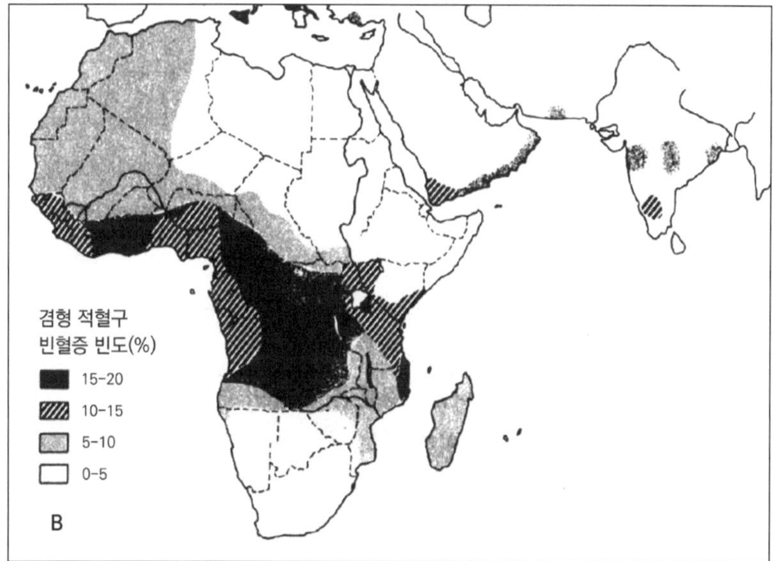

그림 6 | 말라리아 창궐 지역(A)과 겸형 적혈구 빈혈증 다발 지역(B)과의 일치성을 나타내는 지도

유전자와 기후

유전자에 의해 결정되는 피부색은 일반적으로 거주 지역의 햇빛과 매우 밀접한 관계가 있는 것처럼 보인다. 적도 지방에 가까울수록 햇볕은 강해지고, 피부색은 더 짙어지는 경향이 있다. 머리카락과 눈 색깔 또한 유전자에 의해 지배되는 형질이지만, 피부색과 비슷한 경향성을 나타내고 있다. 검은빛의 피부, 눈, 머리카락은 덥고 햇볕이 강렬한 기후에 유리하다는 결론이다. 흑인종의 곱슬머리는 땀의 증발을 막아 머리가 뜨거운 직사광선에 그대로 노출되는 것을 방지한다. 동북아 기원의 동양인 얼굴에 털이 없는 것은 동상에 걸리는 것을 막기 위함이다. 덩치가 큰 사람이 체온 유지에 좀 더 유리하기 때문에 위도가 상승할수록 체형이 커진다. 이 모든 것은 기후와 연관된 유전자에 의해 이루어진 생존 적응이다.

격리집단의 유전자

지구상에는 종교나 기타 요인에 따라 다른 사람들과 떨어져 생활하는 집단이 있다. 그런 사람들은 세월이 지나면서 격리집단이 되고, 그들 사이에서만 이루어지는 결혼은 그들이 지니고 있을지도 모르는 유해 유전자를 모든 구성원에게 확산시킬 가능성이 크다. 그리하여 격리된 집단에서 태어난 어린이들은 출생 이상이나 유전병에 걸릴 확률이 높다.

격리된 고산마을은 백색증(albinism)[2]의 출현 빈도가 높은 것으로 잘 알려져 있다. 시각장애인, 청각장애인, 정신질환의 빈도가 높은 격리 마을에 대한 보고도 많다. 태평양의 산호도인 핀지랩(Pingelap)섬은 약 5퍼센트의 사람들이 색맹, 사시 등 심각한 시각 이상을 가지고 있다. 미국 펜실베이니아(Pennsylvania)주의 아미시(Amish)[3]집단에서는 손가락과 발가락의 수가 많은 난쟁이라는 특이한 형질이 발견되었다. 종교적 이유로 형성된 사회적 격리집단인 아미시집단은 동일 종파 간의 결혼으로 인해 외부로부터의 유전자 유입이 거의 없는 상태의 집단이다. 좀 더 확대해 생각해 보면 종족집단 역시 내부 결혼에 의한 유전적 격리를 고려할 수 있으며, 이에 대해 살펴보기로 한다.

유전병과 종족집단

우리 주위에서 어린아이들이 유전병으로 고통받을 확률은 우리 종족집단의 기원에 상당히 많은 영향을 받을 것이다. 〈표 1〉에는 지금까지 알려진 각 종족집단에서 특이하게 나타나는 유전병이 예시되어 있다. 아슈케나지(Ashkenazi) 유대인에게서 흔히 발견되는 테이-삭스(Tay-Sachs)병이 세파르디(Sephardic) 유대인에게서는 거의 발견되지 않는 등

---

2 백색증: 열성 유전병으로 피부의 멜라닌 색소(melanin)가 만들어지지 않아 피부색이 희고, 눈동자도 붉게 보인다.

3 아미시: 1800년대 초 오스트리아에서 미국 중서부의 클리블랜드(Cleveland) 인근에 이주한 개신교의 종파로서 문명을 거부하며, 19세기 영농법으로 생활한다. 해리슨 포드가 주연한 명화 「증인(Witness)」의 주제를 이룬다.

종족에 따라 유전병의 출현 빈도에 큰 차이가 있다. 앞에서 언급한 지중해 빈혈의 분포 지역은 말라리아의 발생 지역과 거의 일치한다.

미국 내의 흑인종들은 겸형 적혈구 빈혈증의 유전자를 그들의 조상이 과거에 아프리카에서 가져와 지금은 10퍼센트의 미국 내 흑인이 이 질병의 보인자이다. 낭포성 섬유증은 백인 아이들에게 심각한 위협을 주는 유전병의 대표적 예이다. 2,500분의 1의 확률로 이 질병이 나타나는데, 보인자는 25분의 1의 확률로 존재한다. 그러나 이 질병은 흑인이나 동양인에서는 아주 드물게 나타나고 있다. 일단 이 질병이 나타나면

종족집단	유전질병
아프리카인	헤모글로빈 이상(특히 HbS, HbC), 지중해 빈혈, 지속성 HbF
남아프리카인	포르피린증
아르메니아인	지중해 열병
아슈케나지 유대인	고셔(Gaucher)병, 메켈(Meckel) 증후군, 테이-삭스(Tay-Sachs)병
중국인	지중해 빈혈, 중국형 G-6-PD결핍증, 락토오스 결핍증
에스키모	pseudocholinesterase 결핍증
핀란드인	선천성 신염
에이레인	신경관 이상, 페닐케톤뇨증(phenylketonuria)
일본인, 한국인	무카타라제혈증, 오구치(Oguchi)병
지중해연안인	β 지중해 빈혈, G-6-PD결핍증, 글리코겐 저장 질병
노르웨이인	페닐케톤뇨증(phenylketonuria)

표 1 | 각 종족집단의 특이 유전병

가계 중에 언젠가 백인과의 혼혈이 있었음을 암시한다. 페닐케톤뇨증(phenylketonuria, PKU) 역시 백인종에서는 흔하나 흑인종과 동양인에서는 드문 질병이다.

물론 위에서 언급한 질병들이 혼혈이나 돌연변이 등의 요인에 의해 어느 종족집단에서도 나타날 가능성은 얼마든지 있다. 실제로 테이-삭스병은 매우 드물기는 하나 유대인이 아닌 어린아이에게서도 나타난다는 보고가 있다. 그러나 어떤 개인의 국적이나 종족집단에 관한 추적은 특이한 질병에 대한 진단 시 의사와 수사관에게 결정적 제보를 해줄 가능성이 높다. 예를 하나 들어보기로 하자.

Pietrus라는 24살의 한 청년의 경우를 살펴보자. 그는 극심한 복부의 통증과 구토 현상으로 인해 응급실로 급송되었다. 이 증세는 그가 병원에 실려 온 바로 그날 시작된 것이었다. 그는 지금까지 변비 외에는 몸에 이상을 느껴보지 못한 건강한 젊은이였다. 단지 5년 전에 비슷한 통증으로 맹장 수술을 받은 적이 있었다. 그때 수술을 끝낸 후 의사는 이상하게도 맹장엔 아무 이상이 없는 것 같다고 얘기했다. 그는 양자였기 때문에 가계에 대한 아무런 정보도 가지고 있지 않았다. 통례적인 검사 결과는 미열, 지속성 구토 증세, 탈수 현상, 그리고 심한 복부의 통증 외에는 이상이 없었다. 혈액 검사, X선 검사가 이루어졌으나 병의 원인은 밝혀지지 않았고 독극물 중독에 의한 가능성이 대두되었다.

이때 한 젊은 의사가 Pietrus의 출생지가 남아프리카라는 사실을 알아내고, 소변검사를 통한 포르피린증(Porphyria)[4] 여부 조사를 제안했다. 검사 결과는 예측한 대로 급성 간헐성 포르피린증이었다.

이는 단백질이 신경계와 다른 기관을 공격하는 복잡한 생화학적 유전병으로서 네덜란드계 남아프리카인(보어인) 사이에서는 흔한 질병이었다. 결과적으로 그는 우성 유전자에 의해 이 질병을 아마도 부모 중 한 사람으로부터 물려받은 것임이 틀림없었다. 이와 같은 의사의 상황 판단은 환자를 불필요한 수술로부터 구할 수 있었을 뿐 아니라, 앞으로 바비투르산염에 노출되지 않도록 경고할 수 있었다. 바비투르산염은 포르피린증 환자에게는 급성복통을 유발할 뿐만 아니라 치명적일 수도 있기 때문이다. 한 젊은 의사의 출생지 확인 결과 병의 원인은 파악되었고, Pietrus는 유전상담을 통해 그들 부부가 낳을 아기는 이 질병에 감염될 확률이 50퍼센트나 된다는 사실을 알게 되었다. 그는 정관절제 수술을 받았으며 양자를 들이기로 결정했다.

Dean 박사에 의해 남아프리카에서 이루어진 치밀한 연구는 포르피린증이 1688년 결혼한 한 쌍의 네덜란드 이민자에 의해 유입되었음을 보여준다. 오늘날 남아프리카 백인의 약 300분의 1이 실제로 이 질병의 유전자를 지니고 있으며, 이 질병에 시달리고 있다. 마취제, 바비투르산염, 그리고 어떤 의약품들은 이 질병을 가진 사람들에게 치명적일 수 있기 때문에 남아프리카에서는 모든 환자에게 우선 이 질병이 있는

4　포르피린증: 선천적 대사 이상으로 인체 내의 포르피린이라는 화합물이 혈액이나 조직에 침전하는 질환.

지를 조사하고 있다.

유전자와 역사

테이-삭스병과 같은 이상이 아슈케나지 유대인의 경우 그들이 어디에 살든지 간에 높은 빈도로 나타나는 이유는 무엇일까? 특정 종족집단과 특이한 질병 사이의 연관성을 의심하는 이러한 질문은 언제나 제기될 수 있다. 이에 대한 가장 보편적이고 타당한 답변은 "그들은 종족의 기원이 같기 때문에 동일 조상으로부터 물려받은 유해 유전자를 지니고 있기 때문이다"라는 것이다. 동일 조상에서 유래한 종족은 세계 어느 곳에 거주하든지 간에 그 종족이 특이하게 소유하는 유전자를 계속 이어받는다. 이 사실을 이용해 우리는 어떤 종족의 이동사를 추적할 수가 있게 된다.

혈액형으로 흔히 종족의 이동사를 연구하고 있다. 예를 들어 영국의 켈트(Kelt)족과 북유럽의 해적인 바이킹의 이동사를 살펴보기로 하자. 켈트족은 영국의 해안 지역에 거주하는 종족인데, 아이슬란드에서도 이 종족의 특성이 강하게 나타나고 있다. 이를 학자들은 다음과 같이 설명하고 있다. 바이킹은 10세기 이전에 영국과 아일랜드를 침공해 그곳에 정착했다. 그러나 10세기 후반과 11세기 전반에 이르는 동안 그들은 그 땅에서 축출되었다. 축출된 그들은 새로운 땅을 찾아 아이슬란드에 도착하게 된다. 그때 그들은 영국에서 거느리던 수많은 아내와 첩 그리고 노예를 동반하고 있었다. 바이킹에 잡혀 이동된 다수의 켈트족이 아이슬란드에 정착하게 된 것이다. 유럽 집시의 기원도 학자들에게는 흥미의 대상이다. 집시의 집단은 한때 극심한 근친결혼을 하는 격리 집단으로서 헝가리에 거주했다. 이들이 헝가리 지역에 오래 살았기 때문에 헝가리인과 집시 사이의 연관 관계가 조사되었다. 그러나 두 집단 사이에는 ABO 혈액형의 빈도에서 현격한 차이가 나타나고 있다. 오히려 집시의 혈액형 자료는 아시아 인디언과 매우 유사해, 집시가 아시아 기원이 아닌가 하는 가능성이 배제되지 않은 상태에 있다.

혈액형

우리에게는 혈액형을 결정짓는 단백질을 만드는 각각 다른 여러 가지 유전자가 있다. ABO식 혈액형은 1900년에 란트슈타이너(Karl Landsteiner) 박사에 의해 발견되었다. 혈액형은 적혈구 세포 표면의 특정 항원 단백질에 따라 A형, B형, O형, AB형으로 나뉜다. 1900년 이후 적혈구 세포막 단백질 외에도 적혈구 효소형 등 약 250여 종의 다른 단백질들이 밝혀져 수혈 전에 정확한 교차 실험이 필요하게 되었다.

　인종에 따라 혈액형의 빈도는 각기 다르다. 예를 들어 B형 유전자의 경우 동양인은 백인보다 세 배나 많지만, 아메리칸 인디언은 B형 유전자가 거의 없다.

　1939년에는 Rh혈액형이 발견되었는데, 레서스(Rhesus)원숭이의 혈액을 실험에 사용했기 때문에 붙여진 이름이다. Rh단백질, 즉 Rh항원을 갖는 Rh(+)형은 백인에서 약 84퍼센트를 차지한다. 나머지 15퍼센트는 Rh항원이 없는 Rh(-)형이다.

　Rh(-) 여성이 Rh(+) 남성과 결혼해 임신했을 때, Rh(+)인 아기를 임신하면 위험이 크다. 이런 경우 항원이 모친의 체내로 들어오게 되고 이것을 이물질 단백질(항원)의 침입으로 인식한 모체는 저항할 수 있는 항체를 만들어 공격하게 된다. 이렇게 처음 만들어진 항체는 모체의 혈액 내에 계속 남게 된다. 첫 임신에는 큰 위험이 없지만 두 번째의 임신은 모체가 Rh항원에 감작되어 있는 상태이므로 이 항체가 태반을 통해 태아에 들어가 Rh(+)인 태아의 적혈구와 조직을 파괴하게 된다. 그 결과 태아는 사망하게 되고 살아서 출생하더라도 심한 빈혈과 황달 현상이 나타난다. 이 경우 자궁 내의 태아에 수혈을 하거나, 출산 후 교환 수혈을 해야 생명을 구하고 이후 지적장애가 되는 것도 예방할 수 있다.

　부적합 수혈을 받은 적이 있는 Rh(-)인 모친은 Rh항원에 감작되어 있으므로 처음 임신한 것과 같은 상태로 항체를 만들게 되고, 임신 초기에 유산되었을 경우에도 산모는 이미 Rh항원에 감작된 결과이다. 따라서 부적합 수혈을 받은 적이 있는 Rh(-)인 사람이나 임신하여 유산된 사람도 두 번째 임신의 경우, 산모는 초산이라 생각할지라도 태아에게는 위험이 따르게 된다.

　아기를 가지려는 부부들은 자신들의 유전자를 아는 것은 물론 Rh 혈액형도 꼭 알아야 한다. 의학의 발달로 인해 Rh(-)인 여자도 첫 번째 출산 후 곧 면역글로불린 주사로 감작되는 것을 막을 수 있다. 이런 치료법의 발달로 신생아 황달은 줄어들고 있다.

혈액형과 질병

ABO 혈액형과 질병 사이에는 특별한 관계가 없지만 O형의 혈액형을 가진 사람 중 십이지장궤양 환자가 다른 혈액형에 비해 1.4배 정도 많다. 악성빈혈과 위암은 A형인 사람이 약간 많고, 위궤양은 O형인 사람이 약간 많다. A형인 사람은 손톱이 아주 없거나 손톱에 이상이 있는 손발톱무릎뼈(nail-patella) 증후군이라는 아주 드물게 나타나는 선천성 기형과 관계가 있다. ABO 혈액형에서 엄마와 아기의 혈액형이 부적합한 경우, 출산 후의 빈혈, 황달 등이 매우 드물게 생긴다. 최근에는 경구 피임약을 복용한 A형, B형, AB형의 젊은 여성은 O형에 비해 혈액 응고 합병증이 발병할 확률이 높다는 흥미 있는 보고가 나왔다.

HLA와 질병

백혈구의 HLA(human leukocyte antigen) 항원과 질병과의 관계는 많이 연구되어 왔다. 척추 류머티즘은 HLA B27과 밀접한 관계가 있는 것으로 알려져 있다. 유럽인의 7퍼센트가 HLA B27형으로 이들의 약 90퍼센트가 관절 류머티즘병을 가지고 있다. 따라서 HLA B27의 검사는 이 질병의 진단에 유용하다. 마른버짐병은 HLA B13, HLA 16, HLA 17과 관계가 있다. 또 소아지방변증은 HLA B8과 당뇨병은 A8, W15와 관계가 있으며, 다발성 경화증은 A3, B7, DW2와 관련이 있다. 이 외에도 여러 종류의 관련성이 지적되고 있으나 주목할 정도는 아니다. 강한 연관이 있다고 반드시 발병하는 것은 아니며, 여기서 관련성이 있다는 것은 그런 종류의 질병이 유전적 요인을 가진다는 의미이다.

근친혼

우리는 사실상 4~8개의 유해 유전자를 가진 보인자이다. 그러나 보통의 경우에 이런 유전자는 우리 자신이나 자손의 건강에 거의 영향을 미치지 않는다. 사람의 약 3분의 1 정도는 정신장애 유전자를 갖고 있다고 추측된다. 그래서 동일 민족, 혈족 간의 결혼이 이루어지면, 유해 유전자에 의한 질병이 나타날 확률이 높아진다. 예를 들어 사촌끼리의 근친결혼을 생각해 볼 때, 이들의 조부모 중 한 분은 동일인이므로 이들이 유전적 선천성 기형아를 출산할 확률은 임신 때마다 6~8퍼센트로 계산된다. 일반 인구집단에서 심한 기형이나 지적장애아의 출생률이 3~4퍼센트인 것과 비교할 때 상대적으로 높다고 하겠다. 따라서 사촌끼리의 부부와 보통 부부를 비교하면, 그 위험성은 두 배가 된다. 그렇지만 이들이 정상아를 가질 확률은 90퍼센트 이상이다. 여러 나라 특히 미국은 반 이상의 주에서 사촌 간의 결혼은 물론 삼촌과 질녀, 이모(고모)와 조카의 결혼을 금하고 있다. 이와는 달리 사촌 간의 결혼을 장려하는 사회도 있다. 일본의 어떤 지역에서는 사촌 간의 결혼이 10퍼센트나 된다. 인도의 안드라 프라데시(Andhra Pradesh)주에서는 삼촌과 질녀의 결혼을 장려해, 이 지역 결혼의 10퍼센트를 차지한다. 삼촌과 질녀, 이모(고모)와 조카의 결혼은 선천성 기형아 출생률을 세 배가량 증가시키는 것으로 추측된다. 대부분의 나라가 사촌 간의 근친결혼을 금하는 것은 이와 같은 통계에 따른 것이다. 격리된 어떤 사회에서 친족 간 결혼 비율이 25퍼센트에 이른 다는 보고도 있다. 유전학적 관점에서 보면, 이러한 고립사회에서의 친 족 결혼으로 보인자 수와 유전병을 지닌 자손은 늘어나고 있다.

남매, 아버지와 딸, 어머니와 아들 사이의 성관계는 근친상간이라 하여 대부분의 사회에서 금지되어 있다. 근친상간에 관한 연구 보고는 심한 기형과 정신장애의 증가를 보여주고 있으며, 이러한 남녀의 결합 에서는 결손아의 출생률이 다섯 배나 늘어난다고 추측하고 있다.

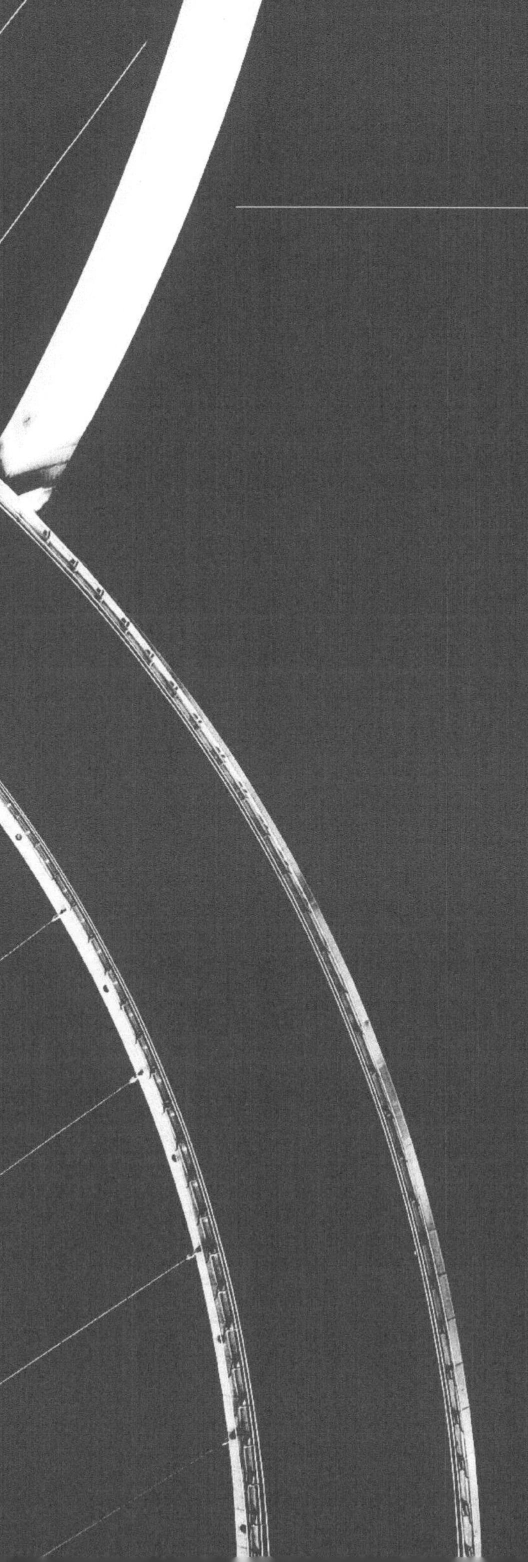

6장

유전자의 검색

의의와 목적

유전병이란 유전자에 이상이 생겨 발생하는 질병을 말하며 자손에게 유전되는 것이 그 특징이다. 사람의 염색체는 아버지와 어머니로부터 각각 물려받은 23쌍으로 구성되어 있는데 감수분열에 의해 23개의 염색체를 가진 생식세포가 만들어지며 이 세포가 다시 다른 생식세포와 결합해 23쌍을 형성하게 되는 것이다. 생식세포 형성 과정에서 유전자에 이상이 생기면 그것이 원인이 되어 병이 생기게 되는데 이상이 생긴 유전자가 열성일 경우, 문제의 염색체 쌍 중 하나에만 이상이 있으면 정상적인 염색체 쌍을 가진 사람과 마찬가지로 병이 발생하지 않는다. 즉, 이상 유전자를 보유하고 있지만 표현형이 정상이면 이러한 사람을 보인자라 한다. 정상인과 보인자는 문제의 유전자 이외에는 전혀 차이점이 없으므로 겉으로 보아서는 구별할 수 없다. 다시 말해 유전병이 표현형으로 나타나기 전에는 이상 유전인자의 보유 여부를 알 수 없으며 직계 혈통의 가계도를 통해 간접적으로 그 가능성을 짐작하거나 아이를 낳았을 때 그 아이의 유전병 유무를 조사함으로써 부모의 이상 유전인자 보유 여부를 추정할 수 있다. 그러나 유전병을 가진 자식을 낳았을 때는 이미 늦었으며 유전병이 치명적인 경우 그 비극은 막을 수 없게 된다.

이상 유전자의 보유 여부를 미리 알아서 자손에게 나타날 수 있는 유전병의 발생 빈도를 줄일 수는 없을까? 최근 분자생물학과 유전학의 발달로 이상 유전자의 존재 여부를 알아낼 수 있게 되었으며 태아와 신생아, 그리고 보인자를 대상으로 유전자 검색을 수행하고 있다.

첫째, 태아와 신생아의 경우 초기에 유전자 이상 여부를 조사해 가능한 한 유전병을 예방하고 치료하며, 장래에 일어날 상황에 미리 대비할 수가 있다. 태아와 신생아에 대한 유전자 검색은 전 세계적으로 호응을 얻고 있으며 비용과 기술상의 어려움 이외에는 거의 문제가 없다.

둘째는 보인자에 대한 유전자 검색인데, 특정 유전병의 발생 위험률이 높은 집단의 가계도를 조사하여 개개인의 이상 유전자 보유 가능성을 추적하는 것이다. 유대인 혈통에 나타나는 테이-삭스(Tay-Sachs)병과 흑인에서 나타나는 겸형 적혈구 빈혈증에 대한 조사가 대표적인 예이다. 이러한 유전 분석이 제대로 성공하려면 몇 가지 전제 조건이 필요하다. 특정 질병에 대한 유전적 양상을 정확하게 알고 있어야 한다. 또 그 질병을 일으키는 이상 유전자를 진단할 수 있는 간단한 방법과 그 대상이 되는 집단이 있어야 하며, 조사 후 적절한 조치가 뒤따라야 한다.

보인자에 대한 집단유전 분석의 가장 큰 의의는 결혼 적령기의 보인자에게 가능한 한 많은 선택의 기회를 부여해 심각한 유전병의 발생 빈도를 최소로 줄이자는 데 있다. 즉, 특정 유전병에 대한 인자 보유 여부를 참고해 배우자의 선택 문제, 결혼했을 경우 아이를 낳을 것인가에 대한 결정, 인공수정, 양자 입양, 남자의 경우 정관 수술이나 여자의 경우 나팔관 봉합 수술에 대해 생각해 볼 수 있다. 또 태아기의 진단 결과, 유전병 발생 가능성에 따라 유산을 결정할 수도 있다. 그러므로 결혼하기 전에 특히 가족 중에 그런 사례가 있을 경우, 유전병 인자 보유 여부를 확인해야 한다. 그러나 이러한 조사 방법에 몇 가지 사회적인 문제가 발생하는 것도 사실이다. 예를 들어 겸형 적혈구 빈혈증의 경우 많은 사람을 대상으로 부주의하게 검사하다 보니 예기치 않게 기술상의 실수가 생겨 많은 사람들이 혼선을 빚는 경우가 있다. 또 보인자로 진단받은 사람이 자신을 환자라고 생각한다든지, 결혼을 약속한 사람이 보인자라는 이유 하나로 결혼을 못 하게 된다든지, 병에 걸린 아이의 아버지가 보인자가 아닌 사실이 밝혀져, 그 아내의 불륜이 탄로나 가정 파탄이 생기는 등의 문제가 발생할 수 있다. 하지만 분명한 것은 앞으로 유전병에 대한 조사 방법이 발달하고 보편화되어 인류의 장래를 위해 유전병의 발생 빈도를 점점 감소시켜야 한다는 것이다. 머지않은 미래에 우리 모두가 유전자 신분증을 가지고 있어서 태어날 아이가 전혀 유전병의 영향을 받지 않도록 배우자를 선택할 날이 올 수도 있을 것이다. 그러면 이제 최근 분자유전학의 발달로 가능해진 몇 가지의 유전자 검색 방법에 대해서 알아보기로 한다.

분자유전학적 방법

1. 유전병과 연관된 표지유전자(Linked Marker Gene)의 이용

최근에는 DNA를 이용한 유전병 진단이 가장 많이 사용되고 있는데 그 전제 조건으로는 그 병이 염색체 지도상에서 위치가 알려져 있고 한 개 이상의 제한효소 절편 다형성(Restriction Fragment Length Polymorphism, RFLP)을 가지며 멘델의 유전법칙을 따르는 것이어야 한다. 이 방법은 가계 연구를 해야 한다는 단점이 있지만 병에 대한 분자 수준의 지식이 전

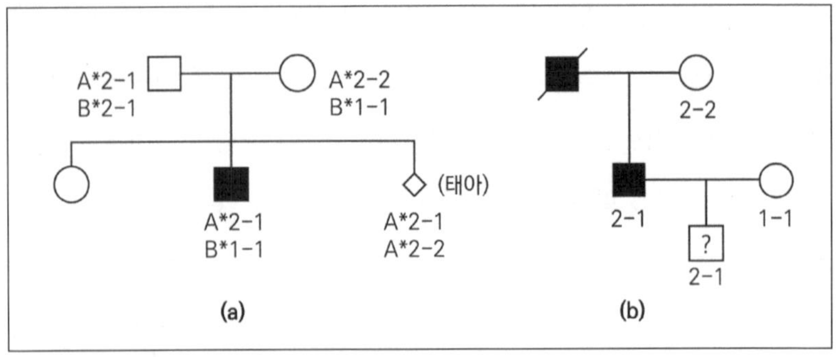

그림 7 | 제한효소 절편 다형성을 이용한 유전자 추적

(a) 낭포성 섬유증에 대한 태아 진단

(b) 장래에 헌팅턴 무도병의 발생 가능성에 대한 진단

기호 설명: □ 정상적인 남자. ○ 정상적인 여자. ■ 환자인 남자.

A*, B*: 표지유전자. 1-1, 2-1: 제한효소 절편 다형성 유형.

혀 필요 없고, 유전자가 분리되지 않았거나 돌연변이에 의한 병의 진단에도 적용할 수 있다는 장점이 있다.

보통 다음과 같은 세 단계를 거쳐 분석이 이루어진다. 첫째, 그 병을 유전시킨 것으로 추정되는 사람의 유전자에서 이상이 생긴 부위와 밀접하게 연관된 표지유전자를 찾아낸다. 둘째, 가족 중의 다른 사람을 조사해 어느 표지유전자가 병을 유발하는 염색체에 있는지를 알아낸다. 셋째, 표지유전자를 이용해 문제의 염색체나 혹은 정상적인 염색체가 알고자 하는 사람에게 전달되었는지를 조사한다.

낭포성 섬유증의 태아 진단을 예로 들어 구체적으로 알아보기로 하자〈그림 7(a)〉.

우선, 각 부모에서 표지유전자 A*, B*를 찾아내고 이 두 개가 모두 낭포성 섬유증 유전자 좌위와 연관되어 있는지 알아낸다. 이 표지유전자를 이용해 병에 걸린 남자아이의 제한효소 절편 다형성 유형을 조사하여 어느 표지유전자가 병 유발 염색체에 연관이 되어 있는지를 조사한다. 이 경우는 아버지로부터 받은 A*2-1과 어머니로부터 받은 B*1-1이 병 유발 염색체와 연관되어 있음을 알아냈다. 마지막으로 이 표지유전자들을 이용해 태아의 제한효소 절편 다형성 유형을 조사해 본 결과 아버지로부터 A*2-1(낭포성 섬유증 유전자)을 어머니로부터 A*2-2(정상 유전자)를 받은 것을 알아냈다. 이 태아는 정상적인 유전자와 낭포성 섬유증 유전자를 다 가지고 있으나 병에 걸리지는 않는다.

〈그림 7(b)〉는 장차 헌팅턴 무도병의 발생 가능성을 예측하는 방법이다. 부모 중 한 사람이 병에 걸린 경우 이 병이 유전될 확률은 50퍼센트이다. 그러나 헌팅턴 무도병의 증상은 보통 중년에 이르러서야 나타난다. 결혼 적령기에 있는 사람이 장차 병에 걸릴 것인지를 미리 알 수 있다면 장차 아이를 낳을 것인가 등을 결정하는 데 도움이 될 것이다. 앞에서와 마찬가지로 처음 해야 할 일은 병에 걸린 부모의 표지유전자를 찾는 일이다. 이는 병에 걸리지 않은 조부모의 유전자를 조사해 알아낼 수 있다. 할머니는 2-2형이다. 그러므로 병에 걸린 아버지는 돌아가신 할아버지로부터 2-1번 대립인자를 유전받았음을 알 수 있다. 마지막으로 결혼 적령기에 있는 사람과 어머니의 유전자를 조사해 이 사람이 자신의 아버지로부터 2-1번 대립인자를 유전받았음을 알아냈다. 이

사람은 이상 유전자를 가지고 있으므로 장차 병에 걸리게 된다.

이런 예들은 유전자의 추적이 중요하게 이용될 수 있음을 시사한다. 그러나 유전자 추적이 가능하려면 몇 가지 조건이 충족되어야 한다. 즉 유전적인 가계분석이 가능해야 한다는 것이다. 많은 경우 낭포성 섬유증에 걸린 환자는 어린 나이에 죽기 때문에 유전자의 추적이 어렵다. 또한 가족 구성원의 혈액을 얻으려면 설득이 필요하다. 만일 생모나 생부가 아닐 경우에는 불가능하다. 가장 중요한 과제는 여러 가지 표지유전자들이 유용한 정보를 줄 수 있는 조합이어야 한다는 운이 따라야 한다. 유전자의 추적이 성공적이기 위해서는 여러 가지의 표지유전자가 있어야 한다. 만일 그중 어떤 것이 정확한 정보를 줄 수 없다면 다른 표지유전자를 이용해 볼 수 있다. 모든 유전자는 재조합되는 성질을 가지고 있으므로 질병 유전자를 정확하게 추적하는 데 항상 어려움이 따른다. 예를 들어 헌팅턴 무도병을 진단하는 표지유전자가 5퍼센트의 재조합을 나타낸다면 병의 진단은 95퍼센트만 정확하다. 태아 진단의 경우 오차로 인해 실험 결과가 음성으로 나온다면 매우 심각한 문제가 된다. 여러 개의 표지유전자, 특히 질병의 유전자와 유전자상에서 근접한 표지유전자를 사용한다면 이러한 문제점을 해결할 수 있을 것이다. 어떤 질병의 유전자는 유전자 재조합이 활발히 일어나는 부위에 존재하기 때문에, 또 다른 경우에는 근접한 표지유전자가 발견되지 않으므로 유전자의 추적이 매우 어렵다.

2. 이중 표지유전자(Bridging Marker Gene)의 이용

만일 질병 유전자의 양쪽에 위치한 두 종의 표지유전자를 사용한다면 두 개의 유전자 재조합이 동시에 일어날 경우에만 착오가 생기게 된다. 이중 표지유전자는 단일 표지유전자들이 높은 유전자 재조합을 나타낼 경우 매우 유용하다. 〈그림 8〉은 듀센(Duchenne) 근육위축증의 유전자를 보유한 사람을 확인하기 위해 이중 표지유전자가 사용된 경우의 예이다. 사용된 두 가지의 표지유전자는 각각 질병 유전자에 대해 10퍼센트의 유전자 재조합을 나타낸다. 따라서 중복된 유전자가 동시에 재조합이 일어날 확률은 1퍼센트(0.1×0.1)이다. 따라서 딸이 보인자가 아닐 확률이 99퍼센트이다. 만일 〈그림 8〉에서 딸의 유전자형이 A*1-1, B*1-1이라면 한 개의 유전자 재조합이 일어난 것을 알 수 있다. 그러나

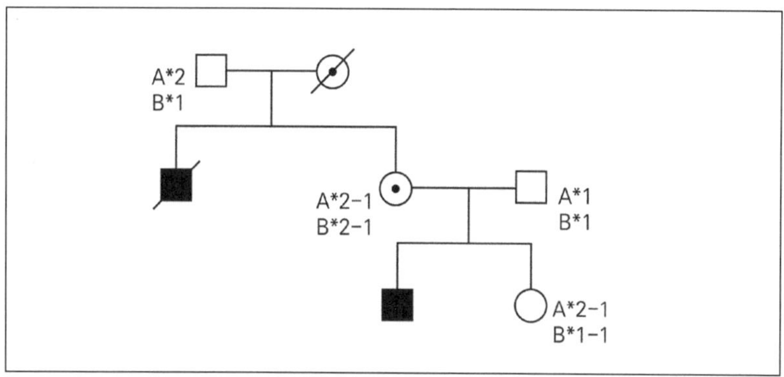

그림 8 | 이중 표지유전자를 사용해 듀센 근육위축증의 보인자를 추적한 경우. 남자는 한 개의 X 유전자를 가지고 있으므로 각각의 표지유전자에 대해 한 개의 대립인자만을 가진다. 기호: 〈그림 7〉과 같음. ⊙ : 보인자.

더 가까운 표지유전자가 없이는 일어난 유전자 재조합이 질병의 유전
자에서 가까이 있는지 멀리 떨어져 있는지를 알 수 없다. 이러한 경우에
는 제한효소 절편 분석 결과로부터 어떠한 예측도 할 수 없다. 이중 표
지유전자를 사용하는 이점은 질병 발생을 예측하기 위해 필요한 가계
분석의 수를 줄이는 데 있다.

3. 이상 유전자를 직접 조사하는 방법

1) 유전자 결손이 생긴 경우

유전자의 일부나 전체가 결손된 경우는 세포유전학적인 방법으로는 알
아낼 수 없다. 이때는 검색용 DNA(DNA probe)[1]를 사용해 잡종을 만들
거나 제한효소로 절단해 비정상적인 절편이 나타나는지를 조사함으로
써 결손 여부를 결정할 수 있다. 예를 들어, X염색체의 유전자 결손이
있는 남자에게서는 잡종이 일어나지 않는 현상을 쉽게 알 수 있다. 이
방법의 문제점으로는 보인자의 경우 정상적인 유전자와 결손유전자를
동시에 가지고 있으므로 결손 유무를 찾아내기가 어렵지만, 이 경우는
자기방사법 사진의 강도를 비교하면 쉽게 결정할 수 있다.

---

1 검색용 DNA: 핵 안의 특정 유전자 혹은 유전자의 부분을 찾아내기 위하여 사용하는 상보성
DNA.

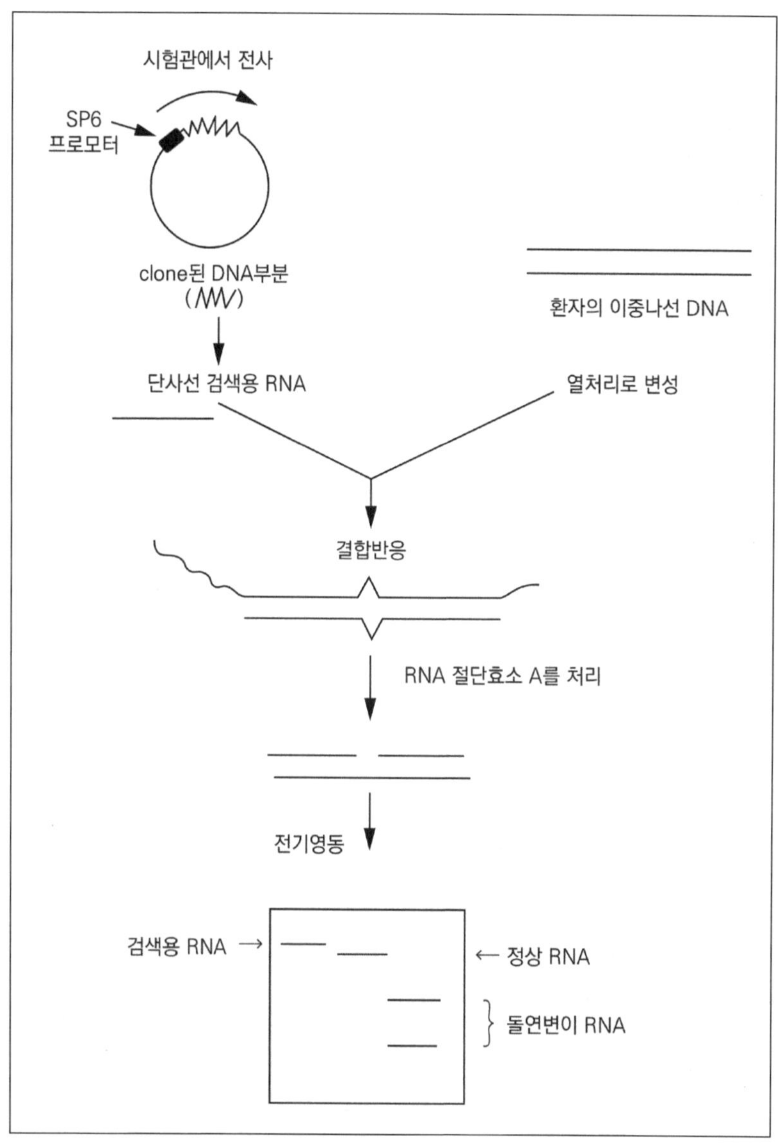

그림 9 | RNA 절단효소 A를 사용해 유전자 결손을 찾는 방법

2) 점돌연변이가 일어난 경우

대개의 검색용 DNA의 길이는 수백~수천bp이며 90퍼센트 이상의 상동성을 갖는 DNA에만 결합하므로 점돌연변이가 일어난 유전자를 찾아내기는 불가능하다. 만약 점돌연변이가 일어난 위치가 제한효소 절단 부위라면 비정상적인 제한효소 절편이 생기는 것으로 알아낼 수 있겠으나 대부분의 점돌연변이는 항상 제한효소 절단 부위에서만 일어나지는 않는다. 아주 작은 길이의 검색용 DNA를 사용하면 하나의 염기 변화가 생겨도 잡종이 거의 생기지 않을 것이므로 점돌연변이를 찾아낼 수 있을 것이다. 실제로 19~21bp 길이의 검색용 DNA가 점돌연변이를 찾기에 충분한 것으로 밝혀졌다.

3) RNA 절단효소 A를 이용하는 경우

RNA : DNA 잡종분자에 생긴 비상보성 부분을 RNA 절단효소 A로 절단해 DNA상의 점돌연변이를 찾아낼 수 있다. 〈그림 9〉에서 설명한 바와 같이, 돌연변이가 생긴 부분의 DNA를 주형으로 하여 시험관 내에서 단사선 검색용 RNA를 합성하고, 이를 결정하고자 하는 DNA와 잡종반응을 시킨다. DNA에 돌연변이가 생겼을 경우 RNA : DNA 잡종분자에 서로 맞지 않는 부분이 있게 되고 이 부분을 RNA 절단효소 A로 절단해 전기영동으로 분석해 보면 정상적인 경우는 하나의 띠만 보이나 돌연변이가 일어났을 경우는 두 개의 띠가 보이게 된다.

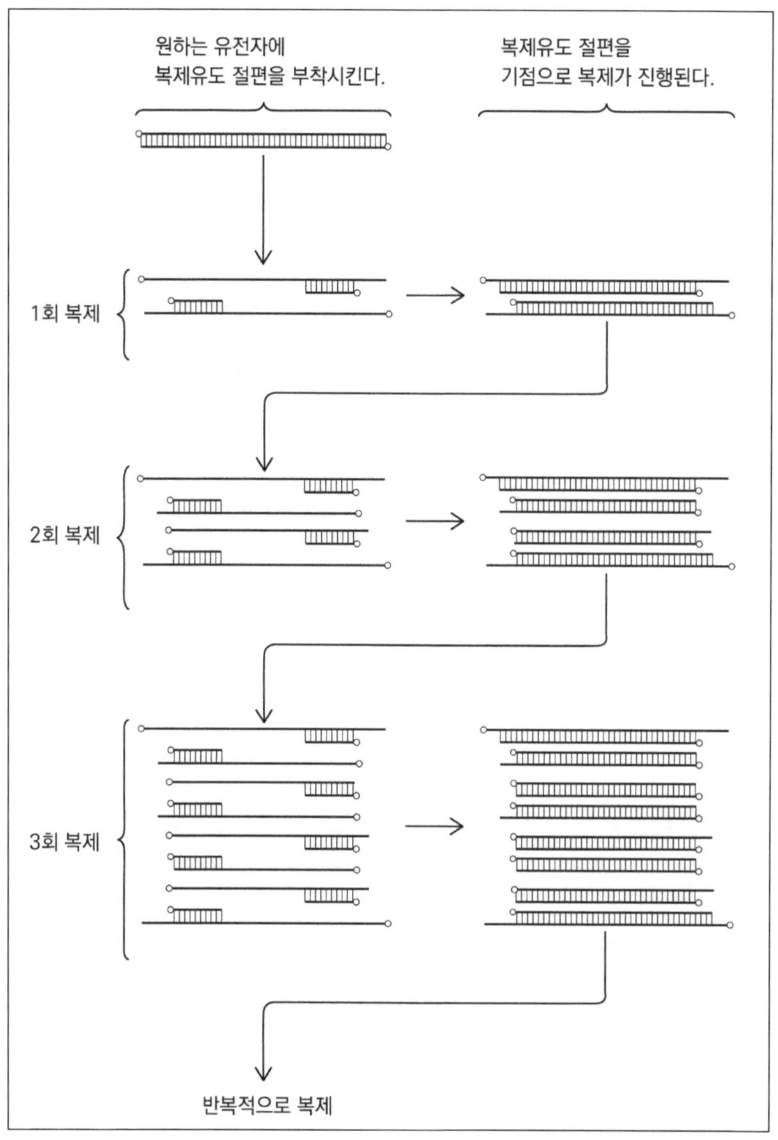

그림 10 | 중합효소 연쇄반응에 의한 유전자 증폭

4) 중합효소 연쇄반응을 이용하는 방법

소량으로 존재하는 특정 DNA를 선택적으로 증폭시키고자 할 때 중합효소 연쇄반응을 사용한다. 분석하고자 하는 DNA의 양쪽 말단 부위에 복제유도절편(primer)[2]을 붙이고 열에 안정한 Taq DNA 중합효소[3]를 사용해 연쇄반응을 시킨다〈그림 10〉.

이 방법을 사용하면 1kb까지의 DNA를 10^5~10^6배까지 증폭시킬 수 있다. 전기영동을 이용해 증폭된 DNA를 분리한 후 브로민화 에티듐(Ethidium Bromide)으로 염색해 자외선으로 직접 확인하거나 DNA에 제한효소 절단 부위가 있을 경우 그 절편형을 조사할 수 있으며 클로닝(cloning)을 하지 않고도 염기순서를 알아낼 수 있다.

유전자 검색은 생명을 구한다 – 그 실례들

페노바르비탈(phenobarbital)과 같은 여러 약품은 개인에 따라 다르게 작용한다. 이러한 약품들을 대사시키는 효소가 결핍된 사람들은 경우에 따라 매우 위험한 일이 생기기도 한다. 수술할 때 마취 과정에서 근육이완제로 쓰이는 숙시닐콜린(succinylcholine)이나 석사메토니움(suxamethonium)이 대표적인 것으로 이 약품에 민감한 사람들은 체내

---

2 복제유도절편: DNA의 복제를 유도하는 작은 DNA 혹은 RNA 절편. 이를 기점으로 DNA 합성이 연속적으로 진전된다.

3 Taq DNA 중합효소: 뜨거운 온천에서 서식하는 유황박테리아의 일종인 더무스 아쿠아티쿠스(Thermus aquaticus)에서 추출한 DNA 중합효소.

에서 이 약품을 효과적으로 분해하지 못해 혈액 내에 고농도로 축적된다. 이러한 사람들은 마취 후 전신 마비가 지속되고 적절한 조치를 취하지 않으면 사망하기도 한다. 일반적으로 2,000명 중 한 명이 이러한 증세를 나타내며 이유는 알 수 없지만 알래스카에 사는 에스키모인들은 더욱 높은 빈도를 보인다. 또 백인의 경우 2퍼센트가량이 이러한 유전자의 보인자이다.

위와는 반대의 경우도 있다. 어떤 사람들은 체내에서 약품을 너무 잘 분해하므로 숙시닐콜린을 마취에 사용할 경우 일반인과 같은 효과를 얻으려면 세 배 이상을 투여해야 한다. 또 다른 경우에는 항응고제를 일반인보다 25배 투여해야 같은 효과를 나타내며, 이러한 특성들은 모두 유전되고 있다.

사람들이 두 가지 이상의 약품을 복용할 경우 부작용이 생기는 경우는 흔히 있다. 예를 들어 항결핵제인 이소니아지드(isoniazid)를 복용하고 있는 결핵 환자가 간질병을 치료하기 위해 다일랜틴(dilantin)을 복용할 경우 다일랜틴은 이소니아지드와 반응해 해로운 물질이 되어 체내에 축적된다. 이러한 경우 눈에 경련이 일어나고, 걸음이 불안정해지며, 졸음이 오는 등 다일랜틴 독성현상이 나타난다. 이러한 약물 간의 상호작용도 유전적 소인에 의해 발생하는 것으로 생각된다.

많은 사람들은 별로 문제가 되지 않는 유전병을 갖고 태어나는 경우가 흔히 있다. 그러나 몇 가지 약품을 먹었을 때 심각한 부작용이 나타날 수 있다. 많은 흑인과 동양인들은 G-6-PD가 선천적으로 결핍된 경우가 많다. 이들이 술파제, 해열제, 말라리아약, 아스피린 등을 먹으면 빈혈증을 나타낸다. 이탈리아인, 그리스인, 지중해 연안에 사는 사람, 그리고 중동 사람의 5~40퍼센트는 이 효소가 결핍되어 있다. 이러한 결핍증은 특히 그리스인과 중국인에서 문제가 되는데, 신생아의 경우 황달에 걸릴 확률이 높으며 일찍 치료하지 않으면 뇌에 손상을 입는다. 태아에 이 효소가 없고 임산부가 술파제를 복용했을 경우는 이 약품이 태아에 작용하여 심한 빈혈을 일으키거나 태아를 죽게 한다.

적혈구에 있는 헤모글로빈의 아미노산 순서가 정상과 다른 사람도 비슷한 약품을 복용했을 때 빈혈증이 나타날 수도 있다. 녹내장 환자는 아트로핀(atropine, 벨라도나에서 채취하는 유독성 알칼로이드)이나 동공을 확장하는 약 또는 코르티손 계통의 약을 복용했을 때 안구 속의 압력이 높아진다. 그러므로 이러한 약을 복용하기 전에 안과 전문의에게 녹내장이 있는지를 조사받는 것이 중요하다. 다운증후군 환자는 수술 직전에 투여하는 아트로핀에 매우 민감해 심하면 사망에 이르기도 한다. 혈압을 조절하는 신경이 자유롭지 못한 유전성 자율신경장애(Dysautonomia) 환자는 노르아드레날린(noradrenalin)을 투여했을 때 혈압이 급격히 높아지며 이러한 증세는 우레콜린(urecholine)을 투여하면 막을 수 있다.

1932년 어느 날 한 과학자는 같은 방에서 실험하던 동료가 다루던 가루약에서 매우 쓴맛이 난다고 불평했다. 그런데 아이러니하게도 그 동료는 그 맛을 전혀 느끼지 못했다. 그 물질은 페닐티오요소[phenylthi ourea(=phenylthiocarbamide, PTC)]로 일부 사람들은 선천적으로 PTC의 쓴맛을 느끼지 못한다. 이러한 형질은 열성으로 유전된다. 이 쓴맛을 느끼지 못하는 사람들은 갑상선에 혹이나 종양이 생기기 쉽고, 반대로 쓴맛을 느낄 수 있는 사람들은 갑상선 과다증에 걸리기 쉽다. 우리를 괴롭히는 유전병의 종류에는 끝이 없다. 여기에 진기한 유전병의 대표적인 예가 있다.

스물두 살의 Merry는 편도선이 자주 붓고 귓병이 자주 생겨 편도선 제거 수술을 받기로 했다. 그런데 수술 도중 그녀의 체온이 갑자기 42°C로 올라가고, 맥박은 1분에 200으로 증가했으며, 심장도 매우 불규칙적으로 뛰기 시작했다. 그녀의 근육은 경직되기 시작했으며, 몸도 마치 나무판자처럼 굳어 갔다. 그녀의 마취 담당 의사는 즉시 마취를 중지하고, 산소를 공급하며, 인공호흡을 하고, 얼음찜질로 체온을 내리는 등 응급처치를 했다. Merry는 다행히 아무 탈 없이 무사했으나, 이러한 경우 보통 60퍼센트는 살아나지 못한다.

그녀의 유전병은 악성고열증(malignant hyperthermia)으로 이 경우 여러 종류의 마취 약품이 체내에 축적되어 이러한 현상이 일어난다. 이러한 질환을 가진 대부분의 환자는 첫 번째 마취에서 증상이 나타나지만, 경우에 따라 두 번째나 세 번째 마취에서 일어나기도 한다. 이러한 사람들은 외모로는 매우 건강해 보이지만 자세히 관찰하면 다음과 같은 특징이 드러날 수 있다. 감긴 듯한 눈꺼풀, 휜 척추, 근육의 뭉침, 그리고 체온조절의 어려움 등이 나타난다. 이러한 대부분의 사람들은 사고를

당하기 전까지 자신이 유전성 고열증을 갖고 있는지 알지 못한다. 이 증세를 유발하는 요인은 마취로 알려져 있으며 마취 도중 체온이 급격히 상승한다. 한 여인은 수술 도중 44.4℃까지 올라간 적이 있는데 다행히 뇌에 손상을 입지 않았다. 이것은 아마 세계 기록일 것이다.

이 유전병은 우성으로 유전되므로 자녀의 50퍼센트 이상이 영향을 받게 된다. 이러한 증세는 신체검사를 통해서는 거의 찾아낼 수 없어 대부분 마취 수술을 받을 때에야 비로소 알게 되지만 이때는 너무 늦은 경우가 많다. 그러므로 가족 중에 이 병의 병력이 있는 사람은 미리 검사를 받을 필요가 있다. 수술 전에 근육조직을 조사할 수도 있고 근전도를 조사할 수도 있다. 가장 좋은 방법은 완충용액에 조그만 근육조직을 넣은 후 카페인을 가하면 이 유전병을 가진 사람의 근육은 일반인의 근육보다 훨씬 더 빨리 수축한다.

이러한 여러 가지 사람의 유전병은 고양이, 개, 소, 돼지는 물론 물고기와 같은 여러 동물에서도 나타나므로 이 동물들은 여러 질병 연구의 모델 시스템을 제공한다. 이러한 동물들은 여러 질병의 기본 원리를 연구하는 데 매우 유용할 뿐만 아니라, 질병 치료를 여러 가지로 시도해 볼 수도 있다. 유전성 고열증 돼지의 경우 국부 마취제의 일종인 프로카인(procaine)은 부작용 없이 매우 효과적이라는 것이 밝혀져, 이 약이 사람에게도 유용하게 사용되고 있다.

유전병이 있는 사람을 위해

선천적인 유전병의 치료는 불가능하지만 불필요한 고통이나 불편 없이 살 수 있게 하는 몇 가지 조치는 취할 수 있다. 유전병을 치료하는 여러 가지 방법은 나중에 비교적 자세히 다룰 것이다. 그러나 여러분이 가지고 있을지도 모르는 유전병과 그 합병증에 대해서는 계속 주의를 기울여야 한다. 유전병을 찾아낸 다음에는 발병하지 않도록 주의해야 한다. 자율신경계에 종양이 잘 생기는 우성의 유전병인 갈색세포종을 갖고 있는 사람은 갑상선암에 걸릴 확률이 높다. 이러한 경우 자주 혈압을 재고, 갑상선 검사, 혈액 검사, 소변 검사를 자주 하면 갑상선암이 생기는 것을 사전에 알 수 있어 일찍 조치를 취할 수 있다. 비타민 D의 대사장애로 생기는 유전성 곱사병은 아버지가 환자라면 딸에게 유전되는데, 이러한 경우 딸에게 인과 비타민 D가 많이 섞인 음식을 제공하면 곱사병을 예방할 수 있고, 어머니가 환자라면 아들과 딸의 각각 절반이 영향을 받게 되므로 역시 같은 조치가 필요하다.

또 다른 예로, 다낭포성 신장병에 걸린 부모는 자손의 절반에게 질병을 유전시킨다. 이 병의 경우 고혈압이 발병될 위험률이 매우 높으므로 이 병에 걸렸는지를 조사하는 것이 중요하다.

비록 몇몇 유전병이 반드시 죽음을 초래하지는 않지만, 치명적일 수는 있다. 그러므로 환자의 생명을 유지하기 위해서는 매우 주의해야 한다. 예를 들어 유전성 결장폴립증에 대해 생각해 보자. 이 경우 많은 수의 폴립이 결장에서 발생해 암으로 진전되는 경우가 빈번하다. 그 때문에 폴립이 발견되면 즉시 수술로 제거해야 한다. 이러한 환자는 평생 매년 적어도 한두 번은 결장경 검사를 받는 것이 좋고 다른 부위로 확산되는 것을 예방하기 위해 결장을 제거하는 것이 바람직하다.

당뇨병의 경우 거의 대부분 유전성이므로 환자의 가까운 모든 친척들이 매년 한 번씩 건강진단을 받는 것이 좋다. 또한 녹내장에 걸린 환자의 가족도 매년 검사를 받을 필요가 있다. 세상에는 자기 자신이 그런 질병에 걸리지 않았으면 심각하게 생각하지 않는 긴 이름을 가진 질병들이 많이 있다. 자신이 걸릴 수 있는 질병이 무엇인지 알아야 하고, 그 병의 합병증에 대해 알아야 한다. 예방조치 혹은 조기진단이 자신의 생명을 구하고, 여러분의 사랑하는 사람들의 생명을 구할 수 있을 것이다. 그러므로 의사와 의논하고 이런 가능성들에 대해 주의해야 한다.

여러분 스스로 해로운 유전자를 가지고 있을 가능성이 있음을 알아야 한다. 자신이 유전병에 걸렸거나, 유전병에 걸린 자녀가 있거나, 질병 가족계보로 인해 검사를 받았거나, 자동적인 보인자인 경우(예를 들어, 혈우병 아버지의 딸), 아프리카 출신의 흑인, 또는 특수 혈통의 유대인 같은 특정 인종에 속해 있는 경우 등은 특히 그러하다.

앞으로 생명과학이 더욱 발달하면 여러 유전병을 검색하는 것이 가능해질 것이다. 그동안 자신이 앞서 언급한 다섯 가지 경우 중 하나에 해당한다는 것을 알게 되었다면, 주치의와 상의할 필요가 있다. 만일 대답이 불확실하다면 유전병 전문가와 상담해야 한다. 여러분과 여러분의 자녀들을 위해, 결혼하여 자녀를 갖기 전에 여러분 자신과 배우자의 유전인자의 상태를 알고 있을 필요가 있으며, 이는 개인의 권리이자 누구나 알아야 할 의무이기도 하다. 왜냐하면 인간은 누구나 행복한 삶을 누릴 자유인이기 때문이다.

성폭행과 살인범의 유전자 감식

최근에 개인 식별은 혈액형뿐만 아니라 다른 여러 가지 생화학적 방법에 의해서도 이루어지고 있다. 적혈구 및 백혈구의 항원형, 세포 내의 효소, 그리고 혈청, 타액, 정액 등의 분비액에서 유전성인 단백질형의 분석 방법 등이 이용되고 있다.

　살인이나 성폭행의 경우, 약간의 혈액 흔적이나 정액 검사만으로도 용의자를 구분하는 데 큰 도움이 된다. 소량의 혈흔이나 정액으로부터 추출한 DNA를 분석하는 DNA 지문 감식법은 지문과 같은 정도의 정

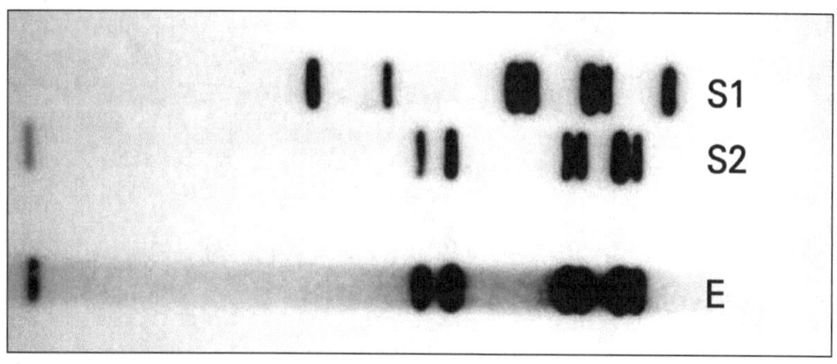

그림 11 | 성폭행 살인범 Jones(S2)와 그의 공범 Reesh(S1)의 DNA 지문. 피해자의 질액으로부터 채취한 정자의 DNA 지문(E)이 Jones 것과 정확히 일치한다.

확한 검정법이다. 일란성 쌍둥이를 제외하면 모든 사람의 DNA 지문은 거의 다르기 때문에 이 방법으로 살인이나 폭행 용의자를 구별하는 데 강력한 단서를 얻을 수 있다. 1988년 플로리다(Florida) 법정은 세계 최초로 DNA 지문을 증거로 채택해 성폭행 살인 혐의로 기소된 Jones와 Reesh에게 사형과 8년 징역형을 각각 선고했다〈그림 11〉.

친자 확인

최근에 친부 확인 소송이 적지 않다. 이러한 소송을 처리하는 데 각종의 혈액형과 염색체가 아주 중요한 정보를 제공해 주고 있다. 그러나 실제 재판에서는 이들 정보를 가지고 누가 아버지인가를 결정하기보다는 오히려 문제의 인물이 친부가 아니라는 것을 증명하는 데 유효하게 사용되고 있다. 양친의 ABO 혈액형과 자식의 가능한 혈액형들이 〈표 2〉에 나타나 있다.

사람은 적혈구, 혈액형, 백혈구, 혈소판, 혈청과 기타 체액 단백질에서 각각 다른 유전 양상을 나타낸다. 신장 등의 장기 이식을 할 때 장기 제공자와 환자의 혈액형, 조직 적합성이 일치해야 하는 문제가 생기는 것은 이런 이유 때문이다. 제공받은 장기가 환자의 체내에서 거부반응을 일으킬 수 있다는 것은 누구나 잘 아는 사실이다. 이를 탐지하고자 사전에 혈액형과 조직 적합에 관해 조사하는 것을 조직 적합성 검사라 하는데, 조직 적합성 여부를 결정하는 주요한 물질은 MHC(Major Histocompatibility Complex)라는 것으로 사람의 MHC를 특

모(부) × 부(모)	자식에게 가능한 혈액형	출현가능성이 없는 혈액형
O × O	O	A, B, AB
O × A	O 또는 A	B, AB
O × B	O 또는 B	A, AB
O × AB	A 또는 B	O, AB
A × A	O 또는 A	B, AB
A × B	O, A, B 또는 AB	없다
A × AB	A, B 또는 AB	O
B × B	O 또는 B	A, AB
B × AB	A, B 또는 AB	O
AB × AB	A, B 또는 AB	O

표 2 | 혈액형에 의한 친부 확인

히 HLA(Human Lymphocyte Antigen)라고 한다. 최근에는 HLA 항원형을 친자검정 판정에 이용하는 경우도 있다.

최근에는 혈액형과 같이 조직에서 얻을 수 있는 DNA의 제한효소 절편 다형성이 친자 검정, 개인 식별, 질병과의 관련성 조사에 일반적으로 이용된다. 즉 어떤 사람의 DNA는 제한효소에 절단되지만 다른 사람의 경우에는 절단되지 않아 DNA 절편의 제한효소에 대한 다형성 연구는 암, 성인병의 발병 전 진단, 출산 전 진단 등의 예방의학에까지 응용된다.

7장

유전적 선천성 결함과 지적장애

선천성 기형이란 여러 종류의 비정상적인 신체적 특성을 가지고 태어나는 것뿐만 아니라, 보이지 않는 생화학적 이상을 지니고 태어나는 것까지를 의미한다. 선천성 기형은 단 하나의 점에서부터 심장에 구멍이 난 것까지, 이상한 안면의 비정상성에서부터 머리가 둘인 괴물까지 그 정도가 매우 다양하다. 정신이상과 같은 질환은 가계의 병력에 관한 연구가 없다 하더라도, 유전적 요인 때문일 것이라는 추측이 통용되고 있다. 또 한편으로 이러한 결함은 자궁 내 발생 과정 중 어떠한 요인으로 인해 태어나면서 혹은 태어난 후에 그 증상이 나타나기도 하지만 그것은 유전성이 아니며 획득된 선천성 기형으로 인식되고 있다.

특수한 선천성 기형이나 정신이상의 원인을 밝혀내기는 매우 어려운 일이다. 정신이상의 원인을 밝히려는 노력은 불과 30~40퍼센트만 성과를 얻고 있을 뿐이다. 또한 언청이와 구개열과 같이 대부분 유전적이지만, 임신한 여자의 약물 복용에 의해 나타날 수 있는 경우는 후천적 원인과 유전성을 구별하는 데 어려움이 있다.

가계의 병력에 대한 주의 깊은 분석은 특수한 유전병의 원인을 밝히는 데 있어 가장 중요한 첫걸음이 된다. 생존해 있는 가족 구성원의 사진은 특이한 병을 인식하게 해주며, 앞서 영향을 받은 어린이나 친척의 병원 기록이나 검사 보고서는 진단에 매우 중요하다. 마지막으로 영향을 받은 아이 부모의 실제적인 신체검사는 진단 지침을 제공해 준다. 이처럼 부모를 정밀히 검사하는 것에는 두개골의 X선 촬영까지를 포함한다. 우리가 앞에서 본 바와 같이 결절 경화증은 뇌에 특징적으로 칼슘

이 축적된 것이 나타나는 X선 사진 결과에도 불구하고 완전히 정상적인 것으로 보이는 한 부모로부터 직접 유전되었으며, 이것은 표면적으로는 아무 증상도 나타나지 않으나 부모가 실제적으로는 질병을 가지고 있는 것이다.

선천성 기형과 지적장애의 원인을 밝혀내기 위한 노력이 경주되고 있으며 원인을 알아내는 것이 발병을 막는 첫 단계라는 인식이 크게 대두되고 있다.

선천성 결함의 빈도

런던 가이스(Guy's) 병원의 폴라니(Polani) 교수는 모든 사람 중 6퍼센트 또는 그 이상이 "발생상의 잘못으로 인해 출생 시나 어릴 적에 경미한 것에서 심한 것까지, 치유될 수 있는 것에서 불치 또는 사망에 이르기까지의 여러 범위에 걸쳐 고통받는다"라고 평가했다. 확실히 정신이상을 수반하든 안 하든 간에 심각한 선천성 결함을 지닌 아기가 3~4퍼센트의 확률로 태어나고 있다.

미국에서는 매년 10만 명의 아기가 선천성 결함이나 지적장애 증세를 가진 채 태어난다고 보고되었다. 이는 우리나라에서도 정신적 결함자가 약 600만 명이나 된다는 것을 의미한다. 이것은 공중보건의 입장에서 볼 때 매우 심각한 문제점이 아닐 수 없다.

앞에서 언급한 대로 미국과 다른 서구에서 전체 소아병원 입원자의 25~30퍼센트가 선천성 결함, 유전병 혹은 지적장애 증세로 인한 것이다. 또한, 경미한 선천성 결함은 전체 출생의 6~14퍼센트를 차지한다. 이와 같은 경미한 결함은 심장이나 뇌의 결함과 같이 좀 더 심각한 문제가 나타나는 결함과 마찬가지로 관심이 필요하지만 크게 문제가 되지 않는다.

염색체의 이상

우리는 앞에서 염색체 수가 많거나, 염색체 수가 적거나, 특정 염색체의 구조에 이상이 있는 사람이 어떠한 질병을 나타내는가에 대해 논의했다. 약 200명의 어린이 중 한 명이 염색체 이상을 가지고 태어난다. 미국에서만 해도 매년 약 2만 명의 어린이가 염색체 이상을 가지고 태어난다. 이들 중 최소한 2분의 1은 부모도 관련되어 있을 수 있다. 아이들에 나타나는 비정상적인 증상이나 지적장애가 염색체 이상에 의한 것인지를 판정하기 위한 대표적인 방법은 혈액 내의 세포 검사이다. 이 방법으로 손쉽게 검사할 수 있는 대표적인 질병이 다운증후군이다.

정상적인 사람은 아버지와 어머니로부터 받은 23쌍으로 된 46개의 염색체를 가지고 있다. 상염색체 22쌍과 한 쌍의 성염색체로 되어 있으며, 상염색체는 그 크기에 따라 1번부터 22번에 이르는 번호를 붙여서 구분한다. 염색체는 동원체의 위치에 따라 단완 부분과 장완 부분으로 구분할 수 있다.

각 염색체의 단완은 p로, 장완은 q로 표시하며 각 염색체의 띠는 아라비아숫자로 표시한다〈그림 12〉. 정상적인 남자의 핵형은 46,XY로, 여자

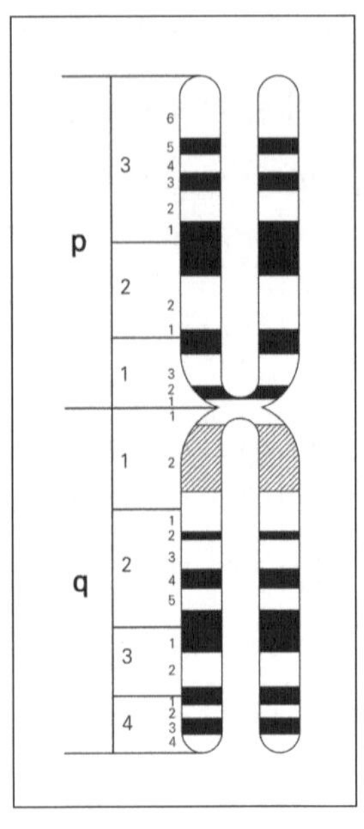

그림 12 | 사람 염색체의 표기법

는 46,XX로 표시한다. 만약 제21번 염색체가 여분으로 하나 더 있을 경우는 47,+21로, 만약 결실되었을 경우는 45,-21로 표시한다. 만약 염색체의 장완이나 단완에 여분의 유전물질이 추가되었을 경우에 14q+식으로 표시한다. 이 경우는 염색체 14번의 장완에 여분의 유전물질이 추가된 경우이며 11p-인 경우는 11염색체의 단완에 유전물질의 결실이 있음을 의미한다. 또한 t(7p : 20q)는 염색체 7번의 단완 부분과 20번의 장완 부분 사이의 상호전좌를 의미한다.

염색체의 이상은 태아의 사망과 선천성 질병의 원인이 된다. 자연유산의 빈도는 전체 임신의 약 15~20퍼센트에 해당하며, 이 중 50퍼센트는 염색체 이상과 관련되어 있다. 가장 많이 알려진 염색체 이상으로는 다운증후군(21번 3염색체성), 파타우(Patau) 증후군(13번 3염색체성), 클라인펠터(Klinefelter) 증후군(XXY형), 터너(Turner) 증후군 (XO형) 등이 있다.

일반적으로 3염색체성인 성염색체가 3염색체성인 상염색체보다 더 자주 나타나지만, 21번 3염색체성은 매우 빈번히 나타나는 잘 알려진 염색체 이상이다. 이 증후군은 염색체의 불분리 현상으로 인해 나타나며 이 증후군은 모친의 연령과 관계가 깊다. 21번째의 염색체를 여분으로 가지고 있는 다운증후군뿐만 아니라 전좌 현상으로 하나 더 있는 21번 염색체가 다른 염색체에 붙어 있어 46개의 염색체로 보이는 경우도 있다. 염색체 이상을 지닌 출산의 빈도는 〈표 3〉에서 보는 바와 같다.

한쪽 부모로부터 물려받은 결함

한쪽 부모로부터 전달될 수 있는 많은 다른 선천성 결함이 알려져 있으며, 이것이 우성형질인 경우 아기에게 이어질 확률은 커지게 된다.

염색체 이상	신생아 1,000에 대한 빈도
성염색체 이상	
45, X	0.07
47, XXX	0.54
47, XXY	0.61
47, XYY	0.49
상염색체 이상	
47 + D	0.12
47 + E	0.19
47 + G	1.14
구조적 이상	
D/D 전좌	0.79
D/G 전좌	0.21
기타 전좌 및 역위	0.28

표 3 | 염색체 이상의 빈도

이 병들 중에는 굽어지지 않는 다섯째 손가락 또는 번외지와 같은 경우도 포함된다. 그러나 한쪽 부모가 한 손이나 양손이 바닷가재의 발톱과 같은 모양일 때 유전에 의한 결함이 나타날 가능성은 좀 더 심각하다. 이와 같은 가계에서는 그 자손이 불구가 될 위험성이 50퍼센트에 이른다.

부모는 발달이 덜 된 턱뼈를 가지고 있으나 다른 결함은 없었다. 그러나 이 영향을 받은 아이(50퍼센트 위험률)는 귀가 없고 미발달된 턱뼈를 가지며 눈의 형태에도 이상이 나타나게 되는데 이와 같은 선천성 기형을 트리처 콜린스(Treacher Collins) 증후군이라 한다.

번외지나 다지는 유아에서 자주 발견되고 있다. 약 100명의 흑인 신생아 중 한 명이 손가락이나 발가락의 수가 한쪽이나 양쪽에서 정상보다 많다. 다지증은 우성유전으로 한쪽 부모로부터 유전된다. 종종 부모들은 이 경미한 결함의 가족 병력을 부정한다. 그들 중 몇몇은 그들의 손에서 다섯째 손가락 기부에 있는 작은 흉터를 보고 물을 때 그것에 관해 알지 못한다. 그 흉터는 출생 시 작은 번외지를 묶었다가 자른 부분인 것이다.

선천성 이루공(Preauricular Fistula)이라고 불리는 배꼽의 탈장과 귀 정면의 구멍은 특히 흑인에게 많이 나타나는 선천성 결함이다. 다행히 유해한 형질은 아니며, 나중에는 자연히 없어진다.

어머니의 나이가 많아질수록 선천성 기형아를 출산할 확률이 커진다(12장). 그러나 드물기는 하나 어떤 결함은 아버지 나이의 증가와도 관련이 있다. 무연골증(Achondroplasia)이 이와 같은 결함의 한 예이다. 어린이들을 대상으로 한 신체검사가 가능한 한 주기적으로 이루어진다면 유전적 요인에 의한 선천성 질병을 조기에 발견해 이 질병에 의한 2차적인 신체의 장애를 예방할 수 있을 것이다.

부모는 정상이지만 보인자일 때

이 범주에 속하는 대부분의 질병은 수족이나 얼굴에 기형이 없이 지적장애가 나타나는 경우가 많으며, 주로 생체 내의 생화학적 대사 이상인 경우가 많다. 이와 같은 대사의 생화학적 이상은 출생 전에 진단될 수 있으며, 부모가 보인자일 경우 각 임신에서 25퍼센트 정도 나타난다(예를 들어 테이-삭스병, 고셔병). 우리는 앞에서 가까운 친척 간의 결혼에 의해 나타나는 선천적 결함과 지적장애에 대해 살펴보았다(5장). 때때로 이 범주에 속하는 이상은 지적장애를 동반하는 소두증과 같은 눈에 보이는 신체적 결함으로 나타난다. 이와 같은 선천적인 결함, 즉 증후군의 일부는 열성유전으로 부모로부터 유전되지만 부모들은 증상이 나타나지 않는다. 이 경우 각 임신에서 증상이 나타날 가능성은 25퍼센트이다. 오토팔라토디지털(Otopalato digital) 증후군을 지니는 아이는 눈썹과 코가 비정상적이며 긴 머리, 구개열, 뚜렷이 긴 손가락과 발가락의 끝, 극단적으로 짧고 큰 발가락 그리고 신체적, 정신적 지체를 나타낸다.

어머니가 보인자로서 아들에게만 영향을 주는 경우

지난 40년간의 연구 결과 지적장애는 남성에서 많이 나타난다는 것이 알려졌다. 이러한 현상은 심각한 지적장애를 나타내는 사람들 중에서 더욱 분명하다. 다소 이상한 이유로 남성이 출생 시 상해를 더 많이 받는 것으로 알려졌으나 이것이 뒤에 나타나는 지적장애에서의 성별 간 불균형을 설명하는 충분한 이유가 되지는 못한다. 이와 같은 경우에 가족 병력을 주의 깊게 조사해 보면 최소한 몇몇 경우에서는 어머니가 보인자인 사실에 주목할 필요가 있다. 이런 경우 아들에게서 지적장애가 나타날 위험성이 50퍼센트에 이른다. 이러한 경우를 살펴볼 수 있는 한 가족을 예로 들어보자.

네 살, 여덟 살의 두 아들을 둔 C부부의 경우, 두 아들이 모두 경미한 지진아였으나 의사는 그 이유를 밝히지 못했다. C부인은 임신 기간 중 완전히 정상이었다. 감염된 적도 없고, 열도 없었으며, 약물 복용이나 상해도 없었다. 그녀와 그녀의 남편은 모두 외형적으로는 완벽하게 정상이었다. 두 아들의 신체검사 결과는 지적장애 이외는 정상이었다. 더욱이 가능한 모든 검사도 지적장애의 원인을 밝혀내지 못했다. 그러나 그 해답은 그들의 가족 병력에 있었다. C씨 쪽 가족은 지적장애, 선천적 기형이나 유전병의 예가 전혀 없었다. 그러나 C부인은 지적장애인인 남자 형제 하나와 네 자매가 있었다. 그 여자 형제 중 둘에게는 각각 한 명씩 지적장애를 가진 아들이 있었고, 세 번째 자매는 세 명의 지적장애 아들이 있었다. 네 번째 자매는 결혼하지 않았다. C부인 쪽 가족을 좀 더 살펴보면 그녀 어머니 쪽의 두 아저씨가 지적장애를 보였다.

이것은 분명히 X연관 유전병이다. 어머니가 보인자인 경우에 지적장애 아들이 태어날 확률은 50퍼센트이며, 그런 가족에서 태어난 딸들은 분명히 지적장애에 대한 보인자일 수 있다. C부부는 그 후 산전진단을 통해 건강한 두 딸을 얻을 수 있었다.

심각한 지적장애 소년(IQ 50 이하)의 20퍼센트가 성 연관 유전의 희생자임이 밝혀지고 있다. 따라서 완벽한 가족 병력의 연구는 산전진단에 의해 딸을 선택함으로써 유전병이 있는 자식을 낳는 위험을 피할 수 있게 해준다.

연약한 X 증후군

X염색체의 일부분이 쉽게 절단될 수 있는 연약한 X 증후군은 일반적으로 모든 인류집단에서 나타나는 정신장애와 밀접한 관계가 있다. 이 증후군은 다운증후군과 함께 지적장애 아동에게서 나타나는 가장 일반적이고 특이한 원인이 된다. 최근 역학연구 결과에 따르면, 취학연령 아동 중 이 증후군이 남자아이에서는 1,360~1,500명 중 한 명, 여자아이에서는 2,073명 중 한 명에서 나타나는 것으로 판명되었다. 이 증후군은 일반적으로 경미한 지적장애 증세를 보이고, 큰 귀(일반적으로 당나귀 귀

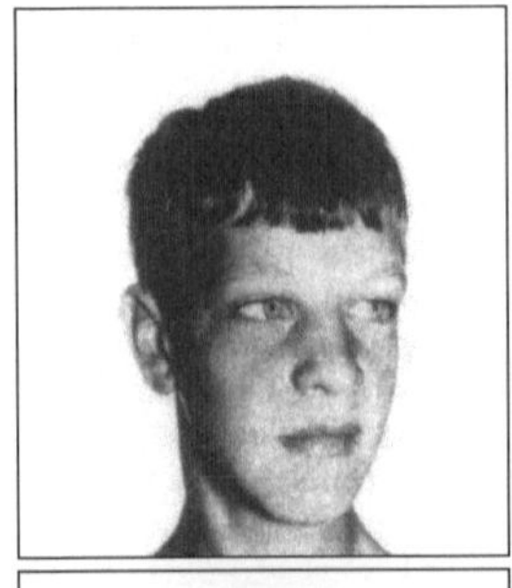

그림 13 | 연약한 X 증후군 남성
의 전형적인 얼굴 모습

라고 일컫는)를 갖고 있으며 얼굴이 길어 호인형으로 보인다〈그림 13〉. 남성인 경우 고환이 비정상적으로 크다. 이 증후군은 이미 1943년 마틴(Martin)과 벨(Bell)이 발견해 이를 마틴-벨(Martin-Bell) 증후군(혹은 연약한 X 증후군)으로 부르게 되었으나 그 원인이 X염색체의 이상에서 기인함은 1979년이 되어서야 알게 되었다. 우리는 이와 같은 임상적 증상을 가지는 증후군의 원인이 X염색체의 이상에서 비롯됨을 알게 되어, 초기 진단 및 유전상담 등에 매우 유익한 정보를 제공할 수 있게 되었다.

여러 요인에 의한 출산 이상

여러 종류의 유전자 이상이나 많은 요인에 의해 출산 이상이 생기는 예들이 보고되고 있다. 이들 중 가장 치명적인 두 가지가 아일랜드인을 조상으로 하는 아이들에서 흔히 나타난다. 무뇌증이라 불리는 뇌의 기형은 생존 능력이 없고, 척추 기형인 이분척추로 태어날 경우도 아주 심각한 상태에 이르러 살아날 가망이 거의 없다. 무뇌증의 경우는 사산하는 것이 보통이고 태어난다 해도 수분에서 수 시간 내에 사망하며, 길어야 2~3개월을 넘기지 못한다. 반면에 척추 기형은 치명적이지는 않더라도 열린 척추의 치료 과정에서 다리를 마비시키는 결과를 초래하며 흔히 장과 방광의 기능 조절이 마비된다. 이러한 아이는 정신적으로는 정상이지만 휠체어 신세를 면치 못하며 쉴 새 없이 오줌을 질질 흘리고 경우에 따라 대변까지도 조절하지 못하게 된다. 이러한 아이와 가족의 불행을 충분히 상상할 수 있을 것이다. 아주 드문 일이지만 척추병변이 극히 미소하여 치료가 가능한 경우에는 걸을 수도 있고 정상적인 기능을 할 수도 있다.

환경적인 요인들은 무뇌증과 이분척추, 두 경우 모두에 특히 강력하게 영향을 미치는 것 같다. 앞에서 언급한 바와 같이 북아일랜드 지방에서는 무뇌증과 이분척추아의 출산 빈도가 1,000명에서 7명꼴로 나타나며, 이러한 높은 비율은 잉글랜드의 남부지방으로 갈수록 줄어들어 1,000명에서 2~3명 정도로 감소한다. 이상하게도 이들 무뇌증과 이분척추증이 북부 인도와 이집트의 알렉산드리아(Alexandria)에서도 북아일랜드 지방과 비슷한 높은 빈도로 나타나 지리학적인 환경 요인이 영향을 미치지 않나 생각된다. 또한 겨울과 가을에 출산 빈도가 증가하는 것이 관찰되어 계절적 영향이 있음을 알 수 있다.

무뇌증, 이분척추증 외에 유전적인 인자와 환경적인 인자들의 상호작용에 의해 야기되는 다른 선천성 기형들이 알려져 있다. 여기에 속하는 것으로는 구개열 및 연구개파열증(흔히 언청이라고도 함), 만곡족(발 모양이 편평하지 않고 뒤틀린 모양을 한 상태), 위의 창자 쪽 출구 부위에 선천성 협착을 나타내는 유문협착증, 엉덩이뼈 탈구, 선천적인 심장 기형(예를 들면 심방중격 결손증) 등을 들 수 있다. 영국 런던의 그레이트 오몬드 (Great Ormond)가에 있는 소아과 병원에 근무하는 카터(Carter) 교수는 위에서 언급한 기형 현상들이 가족들에게서 어느 정도의 빈도로 발생하는가에 대해서 연구했다. 그 결과를 요약해 보면 다음과 같다.

각종 신경계통 장애가 있는 부모들은 무뇌증인 아이를 가질 수도 있고, 그다음 임신에서 이분척추증인 아이를 분만할 수도 있다는 사실을 우선 명심해야 한다.

- 부모 중 한쪽이 기형이면 기형인 아이를 가질 위험성은 약 3~5퍼센트이다.

- 부모 모두가 정상이고 기형인 아이를 가진 경험이 있다면 그다음에 나올 자식에게서 나타날 위험성은 3~5퍼센트이다.

- 부모가 정상이고 기형인 아이 둘을 갖고 있다면 세 번째 아이가 기형일 위험성은 8~12퍼센트이다.

- 정상인 부모가 기형인 아이 셋을 갖고 있다면 다른 기형인 아이를 가질 위험성은 25퍼센트로 증가한다.

이들 기형에 대해서 사촌들, 조카들의 일반적인 위험은 일반 집단에서보다 훨씬 높으리라고 생각된다. 이분척추증인 사람의 사촌들은 일반 집단에 비해 상대적으로 이분척추증으로 태어날 위험성이 약 8배 정도 증가한다.

위의 여러 가지 기형 중에는 성별에 따른 차이가 뚜렷한 것도 있다.

남성에게는 유문협착증, 개구파열증, 연구개파열증 및 만곡족인 기형이 훨씬 많은 반면에 여성에게는 무뇌증과 선천적인 엉덩이뼈 탈구 등을 더 많이 볼 수 있다. 유문협착증에 대한 출현 양상은 위의 지표와 다소 차이가 있다.

- 어머니가 유문협착증을 가지고 있다면, 유문협착증의 아들을 가질 위험성은 16~20퍼센트이며, 딸의 경우는 약 7퍼센트 정도이다.

- 아버지가 유문협착증을 가지고 있다면, 유문협착증의 아들을 가질 위험성은 5퍼센트 정도이며, 유문협착증의 딸을 가질 위험성은 약 2.5퍼센트 정도이다.

- 자녀 가운데 딸이 유문협착증을 가지고 있을 때 다음에 낳을 아들은 10퍼센트의 위험성이 있으며 다음에 낳을 딸은 4퍼센트의 위험성이 있다.

- 자녀 가운데 아들이 유문협착증을 가지고 있을 때 다음에 낳을 아들은 4퍼센트의 위험성이 있으며 다음에 낳을 딸은 2.5퍼센트의 위험성이 있다.

어머니가 자식에게 영향을 미치는 유전병

어머니 자신이 유전병을 가지고 있거나 보인자인 경우 그 어머니는 물론 자식들에게 그 질환을 넘겨줄 수 있다. 또한 그녀의 질병이 유전성이든 아니든 간에 태아에게, 혹은 태어났을 때 그 아이에게 문제나 합병증을 일으킬 수 있다.

가장 좋은 예는 페닐케톤뇨증(phenylketonuria)인 어머니에게서 들 수 있다. 이 질환은 생화학적 유전병으로 치료를 받지 않으면 정신적 지능발달의 지연 현상이 나타나는 것이 보통이다. 이러한 경우 그런 병에 걸린 어머니가 임신하게 되면 태아의 뇌 발생에 손상을 입히게 된다. 사실상 그녀가 낳는 모든 아이는 지능발달이 지연되며, 상당수가 그 외의 더 많은 선천성 기형을 갖게 된다.

당뇨병을 앓고 있는 어머니가 낳은 아기는 선천성 기형일 가능성이 상당히 높다. 당뇨병의 지속 기간(당뇨병에 걸린 지 얼마나 되었는지 그 기간)과 고통도(증상이 가벼운가 아니면 중증인가)와 당뇨병을 치료하기 위해 사용된 여러 종류의 약품 등이 선천성 기형아를 낳을 가능성과 관계가 있다. 최근에는 당뇨병을 앓는 어머니가 낳은 자식들에게서 현격한 지능 저하 현상을 지적하는 증거들이 많이 있다.

특히 어머니가 임신 중에 당뇨병 치료를 제대로 받지 못했을 때 더욱 그러하다. 두 종류의 아주 다른 형태의 선천성 기형이 어머니의 당뇨병과 상관관계가 있는 것 같다. 그 하나는 미부형성 부전증이라 불리는 척추하단부의 기형이고, 다른 하나는 대동맥 전위라 불리는 선천성 심장기형인데 이 경우는 심장에서 나온 주된 혈관들이 다른 심방에서 나오는 경우를 말한다(좌심방에서 나와야 할 대동맥이 우심방에서 나오는 경우). 후자의 경우는 외형적인 면에서 좀 크고 부어오른 듯한 붉은 얼굴을 하며, 신경질적이고 호흡기 질환에 쉽게 걸리며, 저혈당증(혈액 중 포도당 함량이 기준치보다 낮은 경우)을 가지고 있다. 그러나 이러한 모든 증상은 일시적이다. 만약 신생아의 체중이 과중한 경우(4.5kg 초과) 산모로 하여금 잠재성 당뇨병에 대한 포도당 검출시험을 받도록 하는 것이 좋다.

어머니가 또 다른 유전성 생화학적 병인 유당혈증(galactosemia)에 걸려 있는 경우 태아의 뇌가 손상되어 지능발달 지연이 나타날 수 있다. 페닐케톤뇨증과 유당혈증인 경우 임신 기간 중에 특수한 식이요법을 통해 태아에 미치는 피해를 사전에 막을 수가 있다.

당뇨병에 걸린 어머니들과 마찬가지로 겸형 적혈구 빈혈증인 어머니들은 상당히 많은 경우 분만 시 아기를 잃을 확률이 높다. 사실상 그들이 낳은 신생아 가운데 12~39퍼센트 정도가 사망한다. 호흡곤란이나 황달과 같은 합병증과 연관된 조산율의 증가도 지적되고 있다.

겸형 적혈구 빈혈증이나 낭포성 섬유증을 가진 여성은 심각한 이상으로 인해 자녀를 가질 수 없으며 동시에 임신으로 악화된 자신이 지닌 장애의 합병증으로 결국 죽게 될 확률이 높다. 이 두 가지 유전성 장애를 지닌 여성들은 매우 조심스러운 의학적 치료가 요구되며, 아이를 갖지 않도록 세심한 배려를 해야 한다.

갑상선 기능저하증이나 갑상선 기능항진증을 가지고 있는 어머니들은 염색체 이상 자녀를 가질 가능성이 높다. 예일(Yale) 대학교 의과대학에서 실시한 연구에 따르면 갑상선 기능항진증을 가진 어머니가 염색체 이상인 자녀를 가질 가능성은 정상인보다 8배 정도 높은 것으로 나타났다.

우리는 지금까지 몇몇 유전적인 요인에 의한 출산 이상과 지능발달

지연 현상을 아주 피상적으로 살펴보았다. 환경 또한 출산 이상이나 지능발달 지연 현상의 원인이 될 수 있는 상당히 많은 요인을 내포하고 있으므로 이에 대한 각별한 주의가 요구된다.

선천성 기형

흔히 볼 수 있는 선천성 기형의 출현 빈도는 〈표 4〉에서 보는 바와 같다. 어느 부부가 선천성 기형아를 갖고 있다면 다음 자녀가 기형일 위험성은 2~5퍼센트 정도가 된다. 이들 장애의 병인 중 주된 환경적인 요인으로서는 태내에 있는 동안 화학약품, 감염 매체 및 방사선 등에 노출되는 경우를 들 수 있다. 기형아의 출현은 종족 간에, 심지어는 한 국가 안에서도 지역에 따라 상당한 차이를 볼 수 있다. 예를 들어 무뇌증과 이

기형의 종류	출산아 1,000명에 대한 빈도(명)
무뇌증 + 이분척추증	2~30
심장기형	6~8
유문협착	2~14
서혜부 헤르니아	10
척추측만	2
이분척추증(무뇌증과 상관없이)	3
뇌수종(이분척추와 상관없이)	0.5~1.4
내반첨족	1

표 4 | 흔히 볼 수 있는 선천성 기형

분척추증은 잉글랜드의 남서부에서는 낮은 빈도를 나타내는 반면, 서부와 북부 잉글랜드에서는 더 높은 비율로 발생하며, 에이레 지방에서 최고의 발생률을 보인다. 최근의 연구 결과는 신경관 이상의 원인은 임신부의 비타민 결핍과 연관성이 있음을 밝혀냈다.

8장

눈에 보이지 않는 적 : 모체의 감염과 X선 피폭

지적장애나 선천성 결함은 환경에 존재하는 여러 요인에 의해 발생할 수 있다. 이러한 요인은 부모로부터 물려받은 유해 유전자와는 달리 환경에서 제거할 수 있으므로 그 폐해를 예방할 수 있다는 점이 중요하다. 8장과 9장에서는 자궁 속의 태아에게 미치는 요인들, 즉 감염이나 X선, 혹은 약품에 관해 살펴보기로 한다. 기형이나 지적장애 아동들을 보호하는 데 필요한 사회의 경제적인 부담은 엄청난 것이다. 1964년 미국에서 풍진이 유행했을 때, 이로 인해 태어난 기형아를 둔 가족들의 고통은 제쳐 두더라도 이들을 보호하기 위한 특수 교육 시설에 연방정부는 대략 9억 2,000만 달러의 예산을 써야만 했다.

감염

임신 기간 동안 어머니의 감염은 태아의 불완전 발육을 일으키는 중요한 원인이 된다. 미국 정부의 연구 평가는 전체 지적장애아 가운데 약 10퍼센트가 감염성 질환에 의한 것으로 밝히고 있다. 많은 사람은 출생 시의 결함이 임신 중의 풍진에 의한 것이라고 알고 있지만 그 외의 다른 감염들도 풍진과 같은 심한 결과를 초래한다. 중요한 문제의 하나는 잠복되어 있거나 임상적으로 잘 나타나지 않는 감염도 심각한 영향을 미친다는 점이다. 실제로 가벼운 풍진이나 다른 바이러스에 감염된 어머니 자신은 열도 없고 단지 기분만 언짢게 느껴지지만, 이러한 미약한 감염도 태아에 미치는 영향은 매우 심각하다.

피해를 주는 시기

수정란이 태아가 되기까지의 발생 단계는 잘 알려져 있다. 태아의 모든 체제와 기관이 발생되는 시기는 임신 초기 3개월 동안으로 이 기간은 눈이 발생하고 심장이 격막으로 구획되고 팔과 다리가 형성되는 등 매우 중요한 시기이다. 이처럼 임신 초기 3개월 동안의 발생 단계가 잘 알려져 있으므로 이 기간 중 어떤 시기에 태아가 특정한 피해를 입거나 어떤 병에 감염이 되었는가를 비교적 정확하게 밝힐 수도 있다. 그러나 임신 초기 태아에 미치는 바이러스나 약품의 영향은 경우에 따라 다르기 때문에 문제가 복잡하다. 임신 초기 3개월 동안에 감염되는 풍진인 경우에도 항상 선천성 기형이 나타나는 것은 아니다.

풍진

1941년 호주의 한 안과의사가 현재 잘 알려진 풍진 증후군은 임신 초기에 감염된 풍진이 원인이 된다는 것을 최초로 발견했다. 오늘날에도 가임여성의 8~10퍼센트가 여전히 풍진에 감염될 수 있다. 예방 접종 노력에도 불구하고 전 세계적으로 풍진의 집단유행이 주기적으로 발생한다. 1964년 한 해 동안 나타난 주요 사례 중 하나로서 미국에서만 2만 명 이상의 어린이들이 풍진에 의한 심각한 선천성 기형을 가지고 태어났다.

임신 초기에 풍진에 걸린 여성 중 50퍼센트는 풍진에 감염된 태아를 가지게 된다. 또 다른 연구에서는 임신 여성이 풍진에 감염된 시기가 임신 후 4주 이내에는 61퍼센트, 5~8주 사이에서는 26퍼센트, 9~12주 사이에는 8퍼센트의 태아가 감염될 위험이 있다고 보고하고 있다. 이 경우에 나타나는 주요한 결함으로는 백내장, 청각장애, 심장 형성의 불완전, 지적장애 등을 들 수 있다. 그 외 다른 주요 결함으로는 발육부진, 골격의 결함, 혹은 피부 발진 등이 있다. 지난 몇 년간 연구 결과에 따르면 어린이가 다른 이상 없이 청각장애일 때 그 가장 흔한 원인은 임신 중 태아가 풍진에 감염된 것일 가능성이 크다. 최근에는 임신 초기 3개월 이후인 경우에도 풍진이 정신발육지연, 학습장애, 청각장애, 무능력 등의 원인이 되는 것으로 밝혀졌다.

임신 기간 중 어머니가 바이러스에 감염되어 있을 때 태아가 쌍둥이인 경우 대개는 둘 다 영향을 받는다. 그러나 예외적으로 쌍둥이 중에서 한쪽만이 영향을 받을 수도 있다. 풍진의 경우, 반드시 고려해야 할 극히 중요한 또 다른 위험이 있다. 즉 자궁 속 태아 시기에 풍진 바이러스에 의해 감염된 신생아는 출생 후에도 여전히 감염된 상태로 있어 그 주위의 사람들을 감염시킬 수가 있기 때문이다. 여기에서 한 의사의 임상 일지 한 부분을 보기로 하자.

몇 년 전 체중이 1.5kg에 불과한 6주 된 미숙아를 보기 위해 진료차 방문했을 때 나는 그 아기에게서 심각한 심장 결함을 발견했다. 나는 진료 기록에 심장 결함의 원인으로 풍진을 배제할 수 없다는 소견을 남겼다. 문제의 심각성을 고려해 풍진이 원인이 아니라고 밝혀질 때까지 그 아이를 격리시키라고 말했다. 여러 이유 때문에 나의 충고는 불행하게도 이행되지 않았다. 4주 후에 그 아기를 돌보던 간호사 중의 한 명이 풍진으로 쓰러진 것을 알았다. 설상가상으로 당시에 그 간호사는 임신 8주째였다. 그녀가 풍진으로 진단을 받고 난 뒤 나는 그 아기를 검진했다. 예상대로 그 아기가 풍진 바이러스를 배설하고 있음을 알게 되었다. 그 간호사와 남편은 신앙 때문에 임신 중절을 하지 않기로 결정했다. 그 결과 잇달아 풍진으로 인한 기형으로 고통을 받는 아기가 태어났다. 두 번째 경우도 임신 초기에 풍진 감염으로 추측되는 여러 가지 결함을 가진 신생아를 육아실에서 다른 아이들과 격리시키지 않았는데 그 아기는 간호팀 중 세 명을 감염시켰고, 그중의 한 명은 임신 중이었다. 감염된 그녀는 눈이 멀고 청각장애인 아이를 출산했다.

어떻게 보이지 않는 풍진으로부터 감염을 방지할 수 있을까? 오직 한 가지 방법이 있을 뿐이다. 가임 여성에게 임신 전에 예방주사를 맞도록 하는 것이다. 일부 지방에서는 풍진에 대한 예방접종이 의무화되었다. 풍진 면역의 가장 좋은 시기는 10대이며, 그보다 더 좋은 시기는 결혼 전 몇 달간이지만, 살아 있는 바이러스가 면역접종에 사용되기 때문에 임신 기간 동안이나 임신 전 두세 달 동안에는 접종을 피해야 한다. 만약 임신했다는 것을 모르고 부주의하게 풍진 백신을 맞았다면 태아가 감염될 위험이 5~10퍼센트에 달한다. 이는 유산을 정당화하기에도 충분할 정도로 높은 확률이다. 추가 예방 조치로는 임신 전에 혈청 조사를 통해 풍진에 대한 항체 수준을 검사해야 한다. 만약에 항체 수준이 높다면 수년 전 감염을 통해 이미 자연 면역이 형성되었다는 뜻이므로 추가 접종은 필요 없다. 다시 강조하건대 모든 여성은 풍진에 감염되기 쉬우므로 임신 전에 예방접종을 받는 것이 현명하다.

기타 감염

선천성 기형을 초래하는 풍진과 매독을 제외하고 그 외 다른 감염성 질병과 선천성 결함과의 관계는 아직 밝혀지지 않았다. 영국과 미국의 연구에 따르면 수두, 홍역, 유행성 이하선염, 인플루엔자, 회백수염, 간염 등에 감염된 임산부와 태아의 선천성 결함 사이에는 분명한 상관관계는 존재하지 않는다. 그럼에도 임신 중 수두에 걸린 후 선천성 결함이 생겼다고 기술된 임상보고가 상당히 많다. 즉 위에서 언급한 바이러스성 질병들 외에 포진, 급성 전염성 흉막염, 단핵 세포 증가증 등의 바이러스성 감염 등에서는 선천성 결함이 생길 수도 있고, 그렇지 않을 수도 있다는 것이다. 입술에 물집을 생기게 하거나 궤양의 원인이 되는 바이러스인 포진 감염은 여성의 질 안이나 질 주위에 비슷한 궤양을 일으킬 수도 있다. 출산 시의 아기는 질구에서 감염될 수도 있고, 산도에서 얻은 감염 때문에 출산이 지연되거나 심각한 병에 걸리기도 한다. 대부분의 의사들은 아기가 감염되지 않도록 제왕절개를 하기도 한다.

선천성 기형이나 지적장애의 원인인 풍진 다음으로 중요한 것은 크기가 큰 바이러스인 거대세포(cytomegalo) 바이러스에 의한 감염이다. 이 바이러스는 임신부 100명당 6명 정도에 영향을 미친다. 이 질병의 두려운 점은 보통 뚜렷한 증상이 없거나 흔히 가벼운 인플루엔자성 증세만을 보인다는 것이다. 풍진이 유행하지 않을 때는 확실히 이 바이러스가 지적장애아 출산의 가장 보편적인 원인일 가능성이 크다. 이 바이러스에 의한 자궁 내 태아의 감염 결과는 풍진과 유사하다. 지적장애, 눈, 심장, 간 등의 기관들이 때로는 한 가지씩, 때로는 복합적으로 기형이 될 수 있다.

풍진의 경우처럼 이 바이러스에 영향을 받은 신생아도 감염성이기 때문에 간호하는 사람들과 엄격히 격리해야만 한다. 임산부도 물론 이렇게 감염된 아기를 돌보아서는 안 된다. 다행히 이 바이러스에 감염된 많은 수의 아기들은 단지 바이러스를 배설할 뿐, 실제로 기형을 갖지는 않는다. 혈액 검사를 통해 여성이 이 바이러스에 감염되었는지를 알아볼 수 있다. 아직 이 바이러스에 대한 백신은 개발되지 않았지만, 저장된 혈청 표본을 임신 중에 감염이 의심스러운 사람으로부터 채취한 혈청 표본과 비교해 감염 여부를 알아볼 수 있다. 의사는 이 바이러스에 대한 항체 수준이 아주 높게 검출되면 이것은 실제 감염되어 있는 것이라고 진단하게 된다. 매우 드물기는 하나 임신부가 혈액 속에 항체를 갖고 있을지라도 2차 감염된 아기를 가질 가능성도 있다.

또 다른 감염성 요인으로 톡소플라스마(Toxoplasma)라고 불리는 원생동물이 있는데, 이것이 임신 중의 태아에 영향을 미칠 수 있다. 예를 들면, 뉴욕에서 톡소플라스마에 의한 발병률은 임신부 1,000명 중 4~6명 정도였으며, 이 질병에서 기인한 선천성 결함은 1,000명 중에 한 명 꼴이라고 보고되었다. 풍진과 거대세포 바이러스 감염의 경우처럼 이 원생동물은 아무 증상 없이 임신부를 감염시킬 수 있다. 증상이 있을 때는 미열, 불쾌감, 근육통 등이 나타나며, 발진뿐만 아니라 림프샘이나 지라가 붓기도 한다. 톡소플라스마의 영향을 받은 아기들의 결함으로서는 지적장애와 일부 기관의 기형 등을 들 수 있다. 프랑스의 한 연구에 따르면 임신부의 약 16퍼센트가 톡소플라스마에 의해 감염되기 쉬운 것으로 밝혀졌고, 젊은 여성에 그 위험성이 더 높은 것 같다. 집에서 키우는 애완동물인 고양이나 새 등이 톡소플라스마의 중간숙주가 될 수도 있다는 것은 잘 알려지지 않은 듯하다. 풍진, 거대세포 바이러스, 매독과는 달리 감염성 톡소플라스마증은 사람을 통해 전염되지는 않는다. 그러므로 임신을 계획하고 있는 여성은 주위에 애완동물을 두지 말라는 충고를 받아들이는 것이 좋다.

혈액 검사를 통해 임신 전에 여러분이 톡소플라스마증이나 거대세포 바이러스 또는 다른 어떤 것에 감염이 되었는지를 판정할 수 있다. 또 이들에 대한 항체가 없다면 감염되기 쉬울 것이다. 불행하게도 아직 이에 대해 유용한 백신이 없다. 다른 감염의 경우에서 설명한 바와 같이 하나의 해결책은 혈청 표본을 동결시켜 저장하는 것이다. 만약에 임신 초기에 감염이 의심스럽다면 그 표본을 녹여서 비교 검사한다. 임신부 혈액의 항체 수준이 원래 음성인 사람의 저장된 표본에 비해 높을 경우는 실제로 처음 감염된 것을 뜻하고 이러한 경우에는 임신 중절을 고려해야 한다. 감염된 임신부의 약 90퍼센트가 정상아를 낳는다는 것은 그나마 다행스러운 일이다. 톡소플라스마증의 경우 임신부의 혈액 중 항체가 있으면 대체로 그 아기는 영향을 받을 위험이 없는 것으로 생각된다.

한 연구 보고에 따르면 부유한 백인 여성이 사회·경제적으로 낮은 계층의 여성보다 임신 중 톡소플라스마증에 더 잘 걸린다는 사실이 밝혀졌다. 연구자들은 이들이 여러 종류의 육류를 접할 기회가 많고 특히 덜 익힌 쇠고기나 돼지고기를 먹는 경우가 많기 때문이라고 보고 있다. 식용동물은 고양이 배설물과 접촉해 감염될 수 있으며, 우리도 그와 마찬가지일 것이다.

임신 중 X선의 영향

태아가 X선에 피폭되면 지적장애와 관련된 소두증, 두개골이나 척추뼈의 결함, 눈의 결함, 구개열, 그리고 심한 사지 기형과 같은 심각한 이상을 일으킨다고 알려져 왔다. X선 효과에 대한 가능한 의문들은 원자폭탄 폭발 시 히로시마에서 임신 중이었던 일본 여성의 아이들 연구에서 제기되었다. 이렇게 태어나서 살고 있는 아이들을 조사한 결과, 지적장애와 소두증의 발생률이 높다는 것이다.

어머니가 임신이라는 사실을 자각하지 못한 채 장이나 신장 등에 X선을 조사하면 이와 같은 부주의한 결과로 태아도 X선을 받게 된다. 이런 경우에 태아의 안전 문제는 불가능한 것은 아니지만 해결하기가 어렵다. 양수 검사를 통해 염색체의 손상에 대한 어떤 증거가 나타난다 해도, 그것만으로 태아 자체가 손상받았다고 결론지을 수는 없기 때문이다. 대개 태아일 때와 태어난 후의 아기는 뚜렷한 이상을 보이지 않는다. 어떻든 분명히 설명할 수 있는 염색체의 변화가 없을지라도 태아는 소두증이나 지적장애와 관련된 증상이나 선천성 질환을 유발하기에 충분한 X선에 노출되었을 수도 있다. 그러므로 부모가 걱정하는 것은 당연한 일이다.

임신 초기 4개월 동안에 임신부가 받을 수 있는 X선의 허용 선량에 관한 지침이 있다. 만약 10rad 이상이라면 대부분의 의사들은 태아의 손상 위험이 대단히 높다고 느낀다. 5~10rad 범위의 선량은 그 영향이 불확실하고, 5rad 이하의 선량에 노출됐을 때는 위험이 거의 없다. 그러나 다음과 같은 진퇴양난의 문제가 발생할 수도 있다. 어느 의사의 임상일지를 보기로 하자.

Elaine이라는 25세의 여성이 유전상담을 하러 왔을 때 그녀는 임신 4개월째였다. 그녀는 임신 3주쯤이었을 때 X선에 노출되었다고 회상했다. 그 당시에 그녀는 계속 구토를 했는데 의사가 그 원인을 찾아내지 못했다. 임신 검사는 음성이었다. 그래서 의사는 위, 소장, 대장, 방광에 대한 X선 검사를 했다. 납득할 만한 어떤 이상도 없이 이들 검사가 끝나고 난 뒤, 임신 검사를 다시 했다. 이 검사에서는 양성으로 판정되었다. 따라서 이 경우에서는 임신 3주째에 X선을 조사했다는 사실이 인정되었다. Elaine과 남편은 그 X선 조사가 태아에게 어떤 영향을 미쳤는지를 판정하기 위해 양수 검사와 산전 유전 검사를 요청했다. 나는 양수 검사는 권하지 않았다. 왜냐하면 만약 양수세포에서 X선 조사에 의한 효과로 추측되는 염색체 이상을 발견하지 못한다 해도 그 태아가 영향을 받지 않았다고 말할 수 없으며, 비록 양수세포에서 X선 조사에 의한 유전적 효과를 발견해도 여전히 분명하게 X선에 노출된 태아가 어떤 형태로든 궁극적으로 이상아가 될 거라고 확신할 수 없기 때문이었다.

그러나 이 부부의 요구대로 양수 검사와 태아의 염색체 분석을 행한 결과 우리가 예측한 대로 세포의 14퍼센트 정도가 X선 조사나 바이러스 감염에 의한 염색체 이상을 나타냈다. 이에 따라 유산의 가능성을 고려하면서도 이 부부는 재검사를 원했다. 그들의 요청대로 2차 양수 검사를 실시한 결과도 1차 결과와 유사했다. 그들은 X선 조사가 유발할 수 있는 상해의 종류에 대해 깊은 관심을 가지게 되었고, 그것이 소두증, 지적장애, 여러 가지 선천성 결함을 초래할 수도 있다는 사실을 알게 되었다. 그러나 그 부부는 임신을 계속하기로 결정했다. 다행히도 출생한 그 아기는 완전히 정상으로 보였고 혈액과 피부의 염색체도 정상이었다.

임신 중의 감염과 X선 조사가 선천성 결함과 정신발육지연을 유발하는 반면에 약품들은 더 많은 심각한 문제들의 원인이 되고 있다. 이

약품들에 관한 문제는 아주 복잡하므로, 이 부분은 다음 장에서 자세하
게 설명하기로 한다.

9장

위험을 초래하는 약물

임신부들이 약물을 복용하는 것은 유전적으로 매우 위험하다. 그러나 임신부들은 여전히 많은 양의 약물을 복용하고 있으며, 그 결과는 매우 심각할 수도 있다. 최근 스코틀랜드의 한 연구에 따르면, 임신부들이 임신 기간 동안 평균적으로 적어도 네 가지의 서로 다른 약물치료를 받고 있으며, 일부 임신부들은 14번의 치료를 받았음이 밝혀졌다. 한 약물이 태아에 미치는 영향이 어떠한 것인가를 밝히는 것도 어려운데, 두 가지 이상의 약물이 태아에 미치는 잠재적 효과를 밝힌다는 것은 더욱 어렵다. 한 가지 특정한 약물치료가 기형아 출산을 일으키는지 아닌지를 증명하기란 극히 어려울 수 있다. 예를 들어 1950년대 후반 임신부의 수면제로 널리 사용된 탈리도마이드(Thalidomide)는 높은 투여량에도 불구하고 시궁쥐와 생쥐에는 영향을 미치지 않았다. 그러나 사람과 원숭이에서는 극심한 기형을 일으키는데, 토끼에서도 정도는 덜하지만 동일한 결과가 나타났다.

이 시기 서유럽에서는 탈리도마이드로 인해 팔이나 다리가 없는 1만여 명의 어린이가 태어났으며, 그 비극은 아직도 계속되고 있다. 이 어린이들이 이제는 30~40대로 성장했으나 이들의 고통은 평생 지속될 것이다. 탈리도마이드를 복용한 일부 여성들이 기형아를 낳지 않았다는 것 또한 주목할 만한 사실이다. 여러 요인에 의해서도 동일한 양상의 기형을 유도할 수 있다는 것이 실증되었다. 예를 들어 적어도 30여 가지의 요인(비타민 A, 아스피린, 코르티손, X선, 심지어 바늘로 양수막에 구멍을 내는 행위)에 의해, 실험동물들에서 구개열이 유도될 수 있다. 물론 약물 때문이 아니라 유전이나 환경 요인으로 발생하는 기형도 있기 때문에, 기형아 출산의 원인을 밝히는 것은 매우 어렵다.

아스피린

상용되는 아스피린을 시궁쥐, 생쥐와 원숭이에게 많은 양을 투여하면 기형 새끼를 많이 낳는다는 사실이 증명되었다. 심지어 식품 보존제로 널리 쓰이는 벤조산(Benzoic acid)과 아스피린을 동시에 투여하면 아스피린이 시궁쥐에서 기형을 일으킬 수 있는 잠재력이 대단히 증가한다는 사실이 규명되었기 때문에, 정상적 투여량도 임신부에게는 안전하지 못하다. 비록 핀란드의 한 연구에서, 임신 첫 3개월 동안 아스피린을 복용한 임신부에게서 기형아 출생 빈도가 높다고 보고하고 있지만, 기형아 출산과 아스피린과의 상관관계는 명백하지 않다. 실험동물을 통한 연구에서 아스피린은 태아의 몸무게 감소, 태아의 괴사(산모에 의해 재흡수) 그리고 분만 시 출혈 과다와 연관성을 보여준다. 더욱 적은 양의 아스피린을 섭취했을 경우, 임신한 집쥐들은 학습능력이 미진한(지능이 떨어지는) 새끼를 낳았다.

1975년 호주에서 임신 중 주기적으로 아스피린을 복용한 산모의 아기들과 그렇지 않은 산모의 아기들을 비교했는데, 전자는 후자와 비교해 출생 시 현저히 체중이 적고 분만 시 높은 사망률을 나타냈으나, 기형아 출생률이 현저히 높지 않았다. 주기적으로 아스피린을 복용한 임신부는 빈혈, 출산 전후의 빈번한 질 출혈, 더 긴 임신 기간, 그리고 높은 빈도의 난산을 경험하게 된다. 따라서 아스피린이나 아스피린이 포함된 약물은 임신 중 절대로 복용해서는 안 된다.

항생제

임신 첫 3개월 동안 항생제 치료를 받은 경험이 있는 산모들의 추적 연구를 통해, 여러 가지 항생제가 임신에 미치는 영향이 알려졌다. 이 약제들의 일부가 실험동물에서 기형 출산을 일으킨다고 알려져 있지만, 사람에서도 그러한지는 명백하지 않다. 임신 기간 동안 사용된 몇 종의 테트라사이클린(tetracycline)은 젖니에 영구적 색소침착을 일으킬 수 있고, 심지어 영구치에서도 그러하다.

비타민

임신한 여성은 첫 4개월 동안 적정량의 철분이나 비타민들을 제외하고는 어떠한 약물도 섭취하지 않는 것이 최상인 것으로 생각된다. 어떤 어머니들은 과량의 비타민 섭취가 그녀의 아기를 정말로 강하게 할 것이라고 믿고 있다. 그렇지만 임신 중인 실험동물에 비타민 A를 과량 투여했을 경우 다양한 기형이 출산되었다는 보고가 있다. 사람의 경우에도 임신 초기 3개월 동안 과량의 비타민 A를 섭취했을 때, 요도 기형아를 출산할 수 있다.

진정제

임신부들은 자신들에게 안전한 것은 태아에게도 안전할 것이라고 믿는 경향이 있다. 탈리도마이드 사태는 이러한 생각이 얼마나 잘못될 수 있는지를 극명하게 보여준 예가 된다. 이 약은 진정제와 항구토제로 사용되던 약이었다. 미국에서는 FDA가 이 약의 국내 시판을 막았으나 서독과 영국에서는 널리 보급되어 임신부들이 복용했고, 그 결과 참혹한 재앙이 발생했다. 수족이 아예 없거나 믿을 수 없을 정도로 변형되고, 매우 짧거나 사용할 수 없는 팔다리를 가진 아동이 약 1만 명이나 태어났다. 일부 아동은 심장, 눈, 창자, 귀 혹은 신장에도 결함이 있었다.

이 약의 영향은 투약 시기에 따라 결정적으로 달라졌다. 임신 30일째에 복용한 임신부의 아이는 심각한 수족 기형을 보였고, 35일째의 경우는 하지의 결함만 나타났다. 기형이 유발되는 시기에 탈리도마이드를 복용했을 때, 변형의 정도는 약의 양과 무관했으며, 결국 문제의 핵심은 투여량이 아니라 복용 시기임이 확인되었다.

덧붙여, 탈리도마이드로 인한 기형과 유사한 결함이 뚜렷한 이유 없이 또는 드물게는 부모 한쪽이 동일한 결함이 있을 때 그 후손에게 산발적으로 일어나고 있다. 이러한 기형의 유전적 양상이 브라질의 무수족 가계에서 관찰된 바 있다. 임신 초기에 임신부가 메프로바메이트(Meprobamate)나 리브륨(Librium)과 같은 진정제를 복용한 뒤 기형아를 출산했다는 보고가 있었으나, 5만 282명의 임신부를 대상으로 한 대규모 연구에서는 이러한 연관성이 확인되지 않았다.

미국 조지아주 애틀랜타 주민을 대상으로 한 연구에서는 바리움 (Valium) 복용이 구개열 출산과 관련이 있음을 확인했다. 구개열 아이를 낳은 산모들이 여러 가지 다른 결함이 있는 아이를 낳은 산모보다 바리움 복용량이 네 배 높았다. 정신분열증과 정신 흥분 상태를 치료하기 위해 사용되는 또 다른 진정제인 할로페리돌(Haloperidol)은 심각한 사지 기형 발생과 연관된 것으로 보고되었다. 이러한 약물 치료가 긴박하게 필요한 것이 아니라면 임신 첫 4개월 동안은 피하는 것이 최선책이다.

류머티즘성 관절염 치료제 코르티손

많은 임산부들이 코르티손(Cortisone)을 복용해 왔다. 일반적인 통계에 따르면, 임신 중 코르티손 복용은 기형아 출산의 위험을 다소 높이는 것으로 보고된다. 이 가운데 가장 빈번히 나타나는 결함은 구개열이다.

혈당조절제

많은 약물요법(Insulin, Tolbutamide, Chloropropamide 등) 이 당뇨 조절에 이용되고 있다. 당뇨 환자인 여성은 정상 여성에 비해 기형아를 출산할 확률이 2~3배 정도 높다는 증거가 있다. 그러나 현재로서는 기형아 출산의 위험 때문에 혈당조절을 위한 특정 약물 투여를 중단하거나 피하는 것은 불가능하다. 따라서 이러한 여성은 가급적 임신을 계획하지 않는 것이 좋다.

항암제

1940년대 후반에 결핵이나 암 환자인 임산부에게 메토트렉세이트(Methotrexate)라는 약물이 낙태 목적으로 사용되었지만, 낙태된 태아에서 심한 기형이 보고된 이후, 더 이상 낙태제로는 사용되지 않게 되었다. 기록에 따르면 적어도 8명의 임산부가 낙태를 위해 이 약을 복용했으나, 일부는 유산에 실패해 심각한 두개골 결함(일부 뼈 유실), 귀가 목에 붙어 있는 심한 기형, 심각한 성장 저해, 백치, 기묘한 얼굴 등 심한 기형을 가진 자식을 낳았다. 이 약은 그 후로도 백혈병과 건선(마른버짐) 치료제로 계속 사용되고 있다. 암 치료에 사용되는 수많은 강력한 약제들이 있는데, 이 중 일부는 기형 유발과 관련되어 있다.

진경제(간질 치료제)

간질 치료에 사용되는 진경제라는 약물이 태아 성장에 미치는 악영향은 지속적으로 문제 제기가 되어 왔다. 이에 따라 심장 기형, 뇌와 신경계의 기형, 장의 기형, 지적 발달 장애, 생식기와 요도의 기형, 구개열, 뼈의 기형 등 다양한 중증 이상이 보고되었다. 스미스(Smith) 교수의 보고에 따르면, 태중에서 진경제(Hydantoin 계열)에 노출된 태아의 11퍼센트가 그렇지 않은 태아에 비해 심각한 결함과 낮은 지능지수를 보였다.

발작 치료를 위해 약을 복용한 간질 임신부들은 비간질 임신부들보다 기형아를 출산할 위험이 2~3배 더 높다는 보고가 최근에 제기되었다. 딜란틴(Dilantin), 트리메타디온(Trimethadione)과 같은 약물을 복용한 경우 그 위험성이 더욱 두드러진다고 한다. 보고에 따르면, 가장 흔하게 나타나는 기형은 구개열과 같은 언청이이며, 출산율 역시 뚜렷한 차이를 보였다. 구개열 출산율은 비간질 산모의 경우 1,000명당 1.5명 수준이지만, 간질 산모의 경우 1,000명당 10명으로 현저히 높은 빈도를 나타냈다.

물론 간질 그 자체가 원인으로 기형을 유발할 가능성도 있다. 임신 중에 심한 발작이 발생하면 산소 부족으로 인해 태아가 손상될 수 있기 때문이다. 여성 간질 환자가 임신 초기에 진경제를 사용하기 위해서는 담당 의사와 신중히 논의해야겠지만, 발작 처치를 위해서는 선택의 여지가 없다. 따라서 간질 여성에게는 안타깝지만 임신을 가급적 피하는 것이 현명하다고 할 수 있다.

성호르몬

성호르몬[프로게스테론(progesterone) 또는 에스트로겐(estrogen)]은 태아에게 심각한 영향을 미칠 수 있다. 확실히 알려진 가능성 중 하나는 여아가 남성의 생식기와 유사한 여성의 생식기를 갖게 되어 남성화하는 것이다. 자궁에서 성호르몬에 노출된 남아는 큰 성기와 음낭, 음모를 가진 채 태어나기도 한다. 이들은 지나치게 적극적이거나 매우 공격적인 행동을 보이며, 첫 1년 동안 잠을 잘 자지 않는 특징을 나타내기도 한다. 이와 같은 남아들은 정상 남아에 비해 나중에 남성화가 잘 이루어지지 않을 수도 있고, 성장 후에는 공격성과 운동 능력이 떨어진다는 보고도 있다. 임신 초기에 성호르몬을 사용하면, 태아의 심장 기형이 2~3배 증가한다는 최근의 보고도 있다. 아직 확실하게 입증된 것은 아니지만, 성호르몬이 척수, 항문, 기관, 식도, 신장, 수족의 기형과도 연관되어 있다는 또 다른 증거도 있다. 임신 초기 산모들이 이와 같은 성호르몬을 사용하는 경우는 첫째, 임신한 것을 모르고 경구피임약을 계속 복용한 경우, 둘째, 임신 테스트를 위해 성호르몬을 사용한 경우, 셋째, 유산한 산모들이 또 다른 유산을 피하기 위해 성호르몬을 사용하는 경우 등 세 가지로 나눌 수 있다. 이 세 경우 모두 부주의로 인해 태아가 손상을 입게 된다.

디에틸스틸베스트롤(Diethylstilbestrol) 호르몬의 재앙에 대해서도 보고된 바 있다. 태중에서 이 호르몬에 노출된 여아는 나중에 유방암 등에 걸릴 위험이 높다. 지난 수년 동안 임신 촉진제가 등장했는데, 이 약은 난소에서 난자의 배란을 자극하기 위해 사용된다. 수년 동안 임신을 원해 온 여성들이 이 약을 사용하면, 세쌍둥이, 네쌍둥이 혹은 그 이상의 다태아를 갖게 된다는 사실이 알려졌다. 이러한 약물 중 하나인 클로미펜[Clomiphene(clomid)]은 과배란을 유도할 뿐 아니라 기형을 유발할 가능성이 있다는 의심도 제기되었다.

성호르몬과 기형아 출산과의 상호 연관성은 쉽게 증명되지 않았고, 증거들이 대부분 미심쩍으며, 특히 심장 결함에 대해서는 결정적인 단서가 없다. 신중히 생각해 보면, 임신 초기 여성들은 어떠한 이유에서든 성호르몬 사용을 피해야 한다. 위험을 피하는 것이 가장 좋은 방법이기 때문이다.

항응고제

가임기 여성들 가운데 정맥류(심한 혈전증) 때문에 항응고제를 복용하는 경우가 있다. 항응고제들은 코의 기형, 연골조직의 비정상, 지능감퇴를 포함한 태아 결함의 원인이 될 수 있다는 증거가 있는데, 특히 쿠마딘[coumadin(warfarin)]이 관련된 것으로 알려져 있다. 되풀이해 강조하지만, 임신 중에는 어떤 약이든 복용하기 전에 극도로 세심한 주의가 필요하며 반드시 전문가의 지시에 따라야 한다. 무분별한 투약은 불행을 초래할 수 있다.

갑상선 기능항진증 치료제

임신 중 갑상선 기능이 항진되거나 갑상선 기능항진증 치료는 매우 위험하다. 약물이 태반을 지나 태아의 갑상선에 영향을 미칠 수 있어 기능부전을 일으키며, 갑상선종의 원인이 될 수 있다. 임신 중 식염 형태로 섭취되거나, 감기약과 천식약에 존재하는 요오드를 과다 사용하면 태아에게 거대한 갑상선종이 발생할 수 있다. 즉 태아의 갑상선이 너무 커져 분만이 불가능해진 사례도 보고되었다. 거대 갑상선종은 기관지를 압박해 영아의 생명을 위협할 수도 있다. 흔히 간과되지만, 담낭이나 다른 기관의 X선 촬영에 사용되는 약물이 과다한 요오드 공급의 한 원인이 될 수 있다. 임신부의 갑상선 기능항진증을 치료하기 위해 사용되는 방사선 동위원소인 요오드는 태아의 갑상선을 파괴할 가능성이 있다. 이러한 영향을 받은 아이는 평생 갑상선 호르몬을 외부에서 공급받아야 하는 크레틴병 환자가 될 수도 있다.

흡연

임신 중 흡연은 왜소한 아기를 출산할 위험성을 매우 높인다. 흡연은 태아의 성장을 방해하기 때문에 비흡연 임신부에 비해 태아가 작아진다. 임신 초기 14주 이내에 흡연한 임신부의 양수에서 니코틴이 검출되었으며, 그 외에도 발암물질을 포함한 다양한 위해 물질이 존재함이 확인되었다. 여러 유형의 기형아 출산이 흡연과 관련되어 있음이 밝혀졌다. 흡연은 태아뿐만 아니라 임신부에게도 해롭기만 할 뿐이다.

환각제나 대마초

LSD나 또 다른 환각제를 섭취하면 난소나 정소에 심각한 손상이 발생하고, 그 결과 자손에게도 심각한 장애가 나타날 수 있다. 일부 연구 결과에 따르면, 환각제를 섭취한 부모가 장애를 가진 아기를 임신할 가능성이 적지 않음이 증명되었다. 장차 부모가 될 사람들은 환각제로 인해 유전적 결함이 있는 아기를 갖게 될 수도 있다는 점을 염려해야 한다. 그뿐만 아니라 LSD와 같은 약물로 인한 태아의 비정상 여부는 현재로서는 출산 전 진단으로는 확인할 수 없다.

임신 중 대마초의 흡연이 출산 장애를 일으킨다는 확실한 증거는 현재로서는 없다. 그러나 대마초의 활성물질이 유전자에 영향을 줄 수 있다는 연구가 보고되었으며, 태아의 면역기능이 약화되고, 태아의 발달에 영향을 줄 수도 있다는 사실도 밝혀졌다.

알코올

태아에 미치는 영향을 고려할 때 술을 일종의 독으로 규정하는 학자도 있다. 임신부가 음주하는 경우, 신생아가 생후 일주일 이내에 사망할 가능성이 17퍼센트에 달하는 것으로 보고되었다. 최근에는 만성적 알코올 중독 여성의 자녀가 정신적 장애아 상태가 된다는 사실이 알려진 바 있다. 시애틀의 한 연구 보고서에 따르면, 심한 만성적 알코올 중독 여성의 자녀 중 44퍼센트 정도가 IQ 80 이하인 것으로 나타났는데, 이는 비알코올 중독 여성의 경우 9퍼센트 정도가 IQ 80 이하인 것과는 사뭇 대조적이다. 또한 음주하는 임신부에게서 태어난 후 생존한 아이의 32퍼센트 이상은 성장 장애, 소두증, 수족, 심장, 관절 등의 장애가 나타나며, 머리나 얼굴에 약간의 기형이 나타나기도 한다. 이러한 비정상이 임신부의 알코올 중독에 기인한 것인지는 아직 더 많은 연구가 필요하다.

가장 잘 알려진 예를 들어보면, 알코올 중독 가족은 심히 유해한 가정 분위기를 지니게 되며, 이러한 환경적 요인이 어린이의 심리적, 지적 발달을 방해한다. 따라서 알코올 중독 자체로 인한 출산 장애라기보다는 이러한 심리적 문제가 성장 발육의 지연을 일으킬 수 있다고 생각된다. 그렇지만 알코올 중독 여성은 태아가 선천적 장애의 위험이 높고, 정신적 발육 장애가 나타날 가능성도 크므로 임신을 피하는 것이 바람직하다. 음주하는 여성들은 임신하기 적어도 6개월 이전부터는 태아를 위해 금주해야 한다.

　한국에는 태교라 하여 임신부가 화를 내지 않고, 아름다운 음악을 들으며 심지어 모양이 흉한 음식의 섭취조차 삼가면서 몸가짐과 마음을 단정히 하는 유교적 전통이 있다. 이 전통은 비록 태아 교육의 일환으로 이어져 왔으나 현대 유전학적, 의학적 관점에서 보아도 매우 과학적이며 현명한 예지로 평가된다.

납

1971년에서 1972년 사이, 미국에서는 1년에 납중독 어린이가 40만 명이나 발생했고, 이로 인해 200여 명이 죽었다. 이러한 문제는 주로 납이 함유된 페인트가 벽에서 떨어져 나온 것을 아이들이 먹었을 때 발생했으며, 아직도 이러한 문제는 근절되지 않고 있다. 임신 중 납중독은 다행히 아주 드물게 나타난다. 왜냐하면 높은 농도의 납에 노출된 태아는 선천적인 결함으로 사산되기 때문이다. 최근에는 고속도로 주변 등의 높은 납 농도에 노출될 수 있는 지역에 사는 여성들에게서 태어난 아기의 혈액 내 납 농도가 증가하고 있어, 대기오염의 위험성을 경고하는 사례가 되고 있다.

수은

미국과 일본에서는 아주 비극적인 사건이 일어났다. 임신한 여성이 수은에 오염된 음식을 먹음으로 인해 계속 심각한 기형아가 나타났고, 발육부진 아기가 태어났다. 일본에서의 실례는 공장폐수가 바다에 인접한 어촌으로 배출되었을 때 나타났다. 공장폐수에 고농도의 수은이 함유되었고, 이것이 곧 물고기를 오염시켰으며, 그 지역에 사는 어부가 잡아 온 고기를 부인과 함께 먹었다. 이로 인해 많은 가족이 심각한 피해를 받게 되었다. 이렇게 태어난 아기는 심각한 지각장애나 또 다른 결함을 가지고 있었다. 이러한 재난이 미나마타(Minamata)만에서 발생했기 때문에, 이 질환은 '미나마타병'이라 불리게 되었다.

자궁 내 피임기구와 구리

자궁 내 피임기구를 삽입한 채 임신이 되는 경우가 있다. 수정된 난자의 생존이나 착상을 억제하는 이러한 자궁 내 기구로부터 구리가 누출되어 태아가 손상을 입는다. 실제로 자궁 내 피임기구를 가진 채 임신한 여성의 자녀에게서 심각한 기형이 보고된 사례가 적지 않다.

직업과 기형아 출산

특정 직종에 종사하는 여성들은 기형아를 출산할 상당한 위험을 안고 있다. 출산을 앞둔 산모가 이러한 상황에 놓일 수 있음을 우리는 충분히 짐작할 수 있다. 이미 알려진 바와 같이 임신한 간호사가 풍진이나 다른 바이러스에 감염된 아기들을 돌보는 신생아실에서 근무한 결과 장애아가 태어난 사례가 보고되었으며, 이와 유사한 위험은 임신한 여성 의사에게도 마찬가지로 적용된다.

남성의 직업에서도 이러한 위험이 우려되는 경우가 있다. 최근 발표된 두 가지 연구에 따르면, 비닐이나 염화폴리비닐 제조공장에서 일하는 남성은 예상보다도 높은 빈도로 태아 사망을 경험해 자녀를 잃는 사례가 보고되었다. 이러한 태아 사망률 증가는 염화비닐이 남성의 정자에 영향을 미친 까닭이라고 생각된다.

최근 연구에 따르면 수술실에서 일하는 의료인이나 간호사들의 불임 비율이 증가하고 있으며, 갑작스러운 유산이나 기형아의 출산이 증가하고 있다. 발생 비율에는 차이가 있지만 이와 유사한 결과를 지적하는 보고가 여러 나라에서 발표되고 있다. 1974년 미국 마취학회에서 발표한 보고서에 따르면 수술실 요원 4만 9,585명을 대상으로, 수술실에서 일하지 않는 2만 3,911명과 비교 조사한 결과, 수술실에서 일한 경험이 있는 여성은 갑작스러운 유산이나 출산 장애, 암, 또는 간질환 및 신장질환 등이 높은 비율로 나타났다. 여성 마취사의 기형아 출산율은 대조군보다 60퍼센트 이상 높다. 또한 여성 마취의사도 그들 자손 중 기형아 출산의 증가 경향이 이와 비슷하게 나타난다. 남성 마취의사의 배우자 역시 일반인에 비해 기형아 출산율이 25퍼센트 이상이나 증가한다. 원인 물질은 마취 가스이며, 이 가스의 자극으로 과다한 호르몬 분비가 촉진되고, 이로 인해 부작용이 발생한다. 임신한 여성이나 임신을 하고자 생각하는 여성은 수술실에 들어가지 말아야 한다.

고조병에 걸린 감자

1972년 런던의 한 연구원은 무뇌증과 이분척추와 같은 뇌와 신경계의 손상이 임신부가 고조병에 걸린 감자를 먹은 것과 관련이 있다고 주장했다. 그는 특별한 곰팡이에 감염된 감자로부터 분리한 화학물질이 발생하는 배아나 태아에게 손상을 준다고 주장했다. 이러한 주장은 학계에서 큰 환영을 받지는 못했지만, 일부 그룹에서는 긍정적인 반응을 보였다. 이후 임신부들 가운데 감자를 아예 기피하려는 사례가 늘어나기도 했다. 다만 감자 고조병과 기형 발생의 상관성에 대한 구체적 기전은 아직 명확히 밝혀지지 않았다.

약품, 독소, 담배, 바이러스, X선, 소음 등 우리 주변의 오염된 환경 요인들도 태아 발달에 문제를 일으킬 수 있다. 이러한 환경 요인들은 직접적으로 또는 태반을 통해 성장하는 태아에 영향을 미친다. 특히, 약품의 위험은 현재 명백하게 알려져 있다. 임신 중에는 유력한 의학적 근거가 없는 한 오직 비타민이나 철분 등의 정상적인 용량만을 섭취해야 하며 우리는 우리의 환경을 깨끗이 해야 한다. 환경오염은 생태계의 파괴뿐만 아니라 태아의 정상적인 성장에도 큰 영향을 미쳐 가정과 사회에 큰 비극을 안겨준다.

10장

유전상담

유전상담은 아마도 의학 자체만큼이나 오래된 것으로, 이미 유대교 성전인 탈무드에 혈우병에 관한 정확한 지식이 실려 있다. 유전상담에서 새로운 것은 예전에는 불가능했던 산전진단과 이에 대한 처리가 가능해진 점이다. 오늘날에는 산전진단으로 선천성 결함을 예방하고, 유전병의 보인자를 가려낸다. 또 어떤 유전병은 출생 시에 진단할 수 있어, 특수치료를 시행할 수도 있는 의학기술이 개발되어 있다. 이러한 발전이 우리가 얻은 주요 성과이다.

유전상담이란 무엇인가?

유전상담이란 의사와 아이를 가지려는 부부, 유전병 환자나 유전병의 가능성이 있는 사람들 사이에서 유전병 발생과 예방에 관한 의견을 나누는 것을 말한다. 그 목적은 해당 질환의 특성과 의미, 그리고 가능한 선택 방법 등에 관한 정보를 얻고 싶어 하는 사람에게 그 질환에 관한 지식을 제공하는 것이다. 상담 과정은 가족들이 문제를 이해하고 극복하며, 스스로 결정을 내리고, 불안을 덜고, 대응할 수 있도록 돕는 것이지, 상담자가 대신 결정을 내려주는 것이 결코 아니다. 일차적인 희망은 유전상담이 한 가족 안에 심한 유전병이나 지적장애의 재발을 막거나 최소한으로 줄이게 할 합리적인 결정을 내리도록 도와주는 것이다. 대부분의 상담자들은 이러한 유전상담의 근본 취지에는 대체로 동의하지만 사생활 문제와 얽혀 문제는 복잡해지게 마련이다.

유전상담의 대상

사람들이 유전상담을 하는 이유는 몇 가지 부류로 나눌 수 있다. 그들이 알고 싶어 하는 것은 ⑴ 자신에게 유전병이 있는지 없는지, 그리고 자신이 보인자인지 아닌지, ⑵ 특정 유전병을 가진 아이를 갖거나 다시 가질 위험성이 있는지, ⑶ 아이를 가지려는 부부 중 한쪽 또는 양쪽에 어떤 유전병이 있다고 진단이 내려졌을 때, 그 질환이 갖는 의미 그리고 그 예후와 치료, ⑷ 산전진단, 인공유산, 인공수정 또는 양자 입양 등 선택을 결정하는 데 어떤 도움을 받을 수 있는지, ⑸ 이미 유전병이 걸린 아이에게 어떤 도움을 줄 수 있고 그 도움을 어디서 얻을 수 있는가 등이다.

남녀가 결혼 전이나 결혼 시, 더 정확히는 임신 전에(어느 쪽이 먼저든) 상담을 받는 것이 합리적이다. 그렇게 하면 기형아를 낳은 뒤에 '미리 피할 길이 없었을까' 또는 '산전상담을 받았더라면 좋았을 텐데' 하고 후회하지 않아도 될 것이다. 실제로 결혼을 앞둔 젊은 남녀를 상담한 적이 드물지 않은데 그중에는 우생학적 견해를 택한 사람들도 더러 있었다. 즉 심한 유전병을 가진 기형아를 출산할 확률이 25~50퍼센트라는 말을 듣고 결혼을 포기한 것이다. 이는 진정한 의미에서 유전학적 배우자 선택이라고 할 수 있으나, 오늘날에도 극히 드문 일이다.

이러한 새로운 지식에도 불구하고 미국, 서독을 비롯한 서방국가의 사람 중 진정으로 유전상담이 필요한 사람들의 90퍼센트 이상이 상담을 받지 않고 있다. 그 이유는 가족 질환은 유전된다는 사실을 알지 못하거나, 의사가 이를 발견하지 못했거나 또는 적절한 조언을 받을 수 있도록 돕지 않았기 때문일 것이다. 만약에 여러분이 특정 가족 질환에 관해 걱정하고 있다면, 그 사실만으로도 유전상담을 받아야 할 충분한 이유가 된다. 여러분은 해답을 얻게 될 것이고, 대개의 경우 비극을 예방할 수 있게 될 것이다.

누가 유전상담을 해주는가?

흔한 유전질환에 관해서는 경험이 많지 않은 의사라도 충분한 정보를 제공할 수 있다. 그러나 드문 질환의 경우에는 유전의학자와 상담하는 것이 가장 바람직하다. 특히 심각하게 우려하는 사람들 가운데는 가정의와 상담한 후에도 걱정을 덜지 못하는 경우가 있다. 만약에 그들의 불안이 해소되지 않았음을 의사가 알아차린다면, 반드시 유전전문의와의 재상담을 권해야 한다. 그러나 안타깝게도 이런 일은 드물고, 사람들은 불안감을 해소하지 못한 채 지내거나, 잘못된 정보를 믿고 있다가 막상 위기 상황이 닥쳤을 때야 전문가를 찾게 된다.

유전상담자는 보통 유전병을 전문적으로 연구한 소아과전문의나 내과전문의들이다. 이들은 보통 의과대학 부속의 대형 대학병원에서 내과나 소아과를 진료한다. 흔히 그들은 하나의 큰 의료팀의 일원으로 활동한다. 이들 가운데는 환자 진료보다는 연구에 능숙한 사람도 있으며, 대부분 박사학위를 받은 사람들이다. 그러나 가장 흔히 잘 알려진 유전병에 관한 것을 제외하고는 질병의 진단, 치료, 처치에 경험이 없는 사람에게서 상담을 받는 것은 바람직하지 않다.

매사추세츠(Massachusetts) 종합병원이나 예일(Yale)대 뉴헤이븐(New Haven) 병원에 있는 유전병 센터에서는 상담한 환자에게 소견서를 발급하는 것을 제도화하고 있다. 이는 그 정보의 일부가 그 가족의 자녀들에게 매우 중요하며 유용하다고 판단되기 때문이다. 예를 들어 자녀들 가운데 한두 명이 특정 유전병의 보인자인 경우, 그 정보는 그들이 결혼할 때나, 아기를 가질 때 귀중한 자료가 된다. 즉, 원래 상담을 받았던 부모나 의사 모두 작고한 후인 25년쯤 뒤에 긴요하게 사용될 수 있기 때문이다. 소견서는 귀중한 서류이므로 유언장이나 보험증서 같은 다른 중요한 문서와 함께 보관해 두어야 한다.

상담자

유전상담을 원하는 사람들(내담자)이 가지각색의 배경, 성격, 종교 등을 가지고 있듯이, 유전상담자(카운슬러)도 다양한 특성을 지니고 있으므로 유전상담 과정에는 여러 가지 접근방식이 있을 수 있다. 유전상담자는 특정한 우생학적 견해, 종교적 신념, 연령, 자격, 교육, 개인적 편견, 그 외에도 자신의 육체적·정신적 건강 상태에 따라 내담자에게 영향을 줄 수 있다. 또한 상담자로서의 의무에 대해서도 다른 감각을 가질 수도 있다. 대부분은 자신의 역할이 단순히 환자에게 그 질환에 관한 질문, 예컨대 예후, 치료, 그리고 인공수정, 양자 입양, 산전진단, 보인자 검출 등 가능한 처치 방법에 대해 되도록 많은 정보를 제공하고, 환자가 이를 잘 이해할 수 있도록 돕는 것이라고 믿고 있다. 내담자들은 상담 과정에서 가족에게 미칠 유전병의 의미를 논하며, 관심거리가 될 만한 모든 문제를 제기한다. 즉 개인의 종교관, 유전병 자녀가 가져올 경제적·정서적 부담, 가정생활이나 다른 아이들에게 미치는 영향, 그리고 환자 자신의 고통과 문제 등이다. 또한 질환이 사회적 오점이 되지 않을까 두려워하는 내담자를 안심시켜야 할 경우도 있다. 피임 문제, 부모의 성생활에 미치는 영향, 불임시술의 선택 등도 거론될 것이다. 어떤 내담자는 장애아가 사회에 주는 경제적 부담을 거론하는 경우도 있다.

보통 완전 의사소통 접근(Total Communication Approach) 방법이 권장된다. 누구나 알 권리와 선택의 자유를 가지고 있다. 얻을 수 있는 모든 정보는 자유롭게 공유되어야 한다. 상담에서는 문제 전체를 살펴보고, 모든 후속 문제를 논해야 한다. 정보의 흐름은 조언을 구하는 사람의 질문에만 좌우되어서는 안 된다. 그렇지 않다면 그들이 어떻게 불의의 사태를 예견할 수 있겠는가?

권위주의적 접근

유전상담의 접근 방법에 관해서 유전상담자 간에도 견해 차이가 있다. 직접적이고 강제적인 접근은 해야 할 일 또는 해서는 안 될 일을 뚜렷이 지시하는 방법이다. 예를 들어 "낙태를 하지 마시오", "정관수술을 하시오", "인공수정을 준비하시오", "나팔관 결찰을 하시오", "양자를 입양시키시오", "완전 피임을 시행하시오" 등과 같은 명령이다. 이러한 지시적 접근의 위험성은 상담자의 종교적, 인종상, 우생학적 또는 다른 임의의 개인적인 신조가 상담 과정에 스며드는 것이다. 특정 종교를 믿는 의사들은 환자들에게 산전 검진과 선택적 임신 중절을 피하라고 할 수도 있다. 물론, 이들 의사 중에는 그들의 조언이 그 가족에 가장 적절한 것이라고 우기는 사람도 있다. 어떤 이들은 많은 부모가 모든 요인을 충분히 이해하지 못해 위험성을 인식하지 못하고, 자기 스스로 올바른 결정을 내릴 수가 없다고 믿기 때문에 권위주의적인 접근이 최선이라고 생각하기도 한다. 이러한 접근은 상담자의 편견이라는 이유뿐 아니라 개인의 사생활에 대한 도덕적 모욕을 자행하는 것이기 때문에 비난받아 마땅하다고 생각된다. 아이를 가질지 말지, 혹은 낙태를 할지 말지는 극히 개인적인 문제임은 자명하다. 의사의 역할은 단지 환자가 스스로 균형 있고 합리적인 결정을 내릴 수 있도록 필요한 모든 정보를 제공하는 데 있을 뿐이다.

비강제적 접근은 반드시 쉬운 일이 아니다. 특히 유전병의 발생 빈도를 줄이고자 하는 유전학자의 욕구가 부모의 욕망과 충돌할 때 더욱 그러하다. 만약에 그 병이 중대한 것이라면, 상담자는 강제적인 방법이 아니더라도 모든 방법을 동원해 그 부부가 더 이상 아이를 갖지 않도록 설득하고 싶어질 수 있다. 이는 사회 전체의 안녕을 위한 가치 있는 노력이다. 또한 그 가족을 큰 불행으로부터 구제할 수도 있겠지만, 그것도 객관적 상담이어야 할 사항에 그 상담자 개인의 종교적, 인종적 또는 우생학적 견해가 스며들어 갈 수 있는 기회를 마련하게 된다.

환자들은 종종 의사가 자신들을 대신해 특정한 결정을 내려주기를 간청한다. "선생님, 선생님이 우리 처지라면 어떻게 하시겠습니까?"라고 묻는 것이다. 그러나 의사는 이 호소에 굴복하지 않도록 온갖 노력을 다해야 하며, 그 대신 환자들에게 더 많은 시간을 할애하여 그들 자신의 인생에서 더 중요한 사항을 스스로 발견해 내도록 도움을 주어야 한다. 의사가 자기 신념, 생활양식, 또는 다른 모든 것을 환자에 추정 적용하는 것은 비현실적일 뿐 아니라 옳지 않은 일이다. 의사의 책임은 환자를 이해하고 진단하며, 다년간의 연구와 경험에서 얻은 모든 정보를 환자에게 제공하는 데 있다.

유전상담자에게서 얻을 수 있는 것은?

여러분이 기대하는 바는 다른 사람들의 소망과 아주 다를 수 있다. 주요 요인 중의 하나는 여러분의 개인적 관여 정도이다. 예를 들어 아직 발현되지는 않았지만 헌팅턴(Huntington) 무도병이 나타날 위험성에 관해 알고자 한다면, 여러분의 불안감은 단순히 결혼 전에 어떤 유전병 보인자인지 아닌지를 알고자 하는 사람의 불안과는 전혀 다를 것이다. 만약에 여러분이 근육위축증 또는 낭포성 섬유증을 가진 아이를 두고 있다면 조언과 치료를 받고자 하는 여러분의 욕구는 필사적일 만큼 커질 것이다. 반대로, 가족 중에 유전병이 있다는 사실을 이미 받아들이고 이제 막 결혼한 경우라면, 조언을 받을지 조용히 숙고하고 있을 수도 있다.

유전상담을 받겠다는 결정은 일생에서 가장 중요한 결정 가운데 하나가 될 수 있다. 이는 유전상담자를 선택하는 데 각별한 주의를 기울여야 함을 의미한다. 이상적으로 내담자는 전문 지식뿐 아니라 인간적인 이해와 공감을 원한다. 즉, 전문 지식뿐 아니라 여러분의 불안과 공포를 이해하고 여러분의 말을 이해하고 진심으로 경청해 줄 수 있는 사람을 원한다. 훌륭한 상담자는 광범위한 기대감, 여러 단계의 교육 수준, 종교적 차이가 있고 감정에 치우친 사람을 자상하게 대할 줄 아는 사람이어야 한다. 또 훌륭한 상담자는 쉽게 이해할 수 있는 쉬운 말로 의사소통을 할 수 있어야 한다. 흔히 복잡한 문제가 얽혀 있으므로 여기에서 인내는 미덕일 뿐 아니라 절대적인 필수조건이다. 상담은 시간이 걸리는 과정이며, 서둘러서는 안 된다. 여러분은 이러한 대접을 기대할 권리를 갖고 있다.

피상담자의 기대

내담자의 기대가 있듯이 상담자에게도 기대가 있다. 그중 가장 중요한 것은 가능하다면 부부가 함께 상담에 참여하는 것이다. 죄책감, 과실감, 가족적 편견, 부부간의 심한 의견 차이, 무지와 공포 등의 복잡한 문제들 때문에 같이 참여해야 한다는 사실은 강제적이지는 않더라도 극히 중요한 문제이다. 글로는 토론을 대체할 수 없다. 더구나 흔히 감정상의 혼란이 매우 심하기 때문에 상담 시 부재했던 배우자에게 정보를 부정확하게 전달하는 문제, 그리고 진정한 위험수위를 파악하지 못하는 등의 문제는 상담에 부부가 함께 참석해야 하는 명백한 이유가 된다. 그렇게 되면 여러분의 기대와 함께 상담자의 기대도 충족된다.

위험성과 확률

상담이 진행됨에 따라 상담자는 가능한 모든 요인을 인식하지 않으면 안 된다. 단순히 부모에게 "다음 임신부터 3~5퍼센트의 무뇌아 발생 위험률이 있다"고 말한다고 해서 부모가 확률의 정도를 이해하거나 파악했다는 것을 의미하지는 않는다. 5퍼센트 위험률을 전혀 위험하지 않다고 여기는 부모도 있는가 하면, 반면에 그 위험성이 너무 커서 더 이상 아이를 갖지 않겠다고 마음먹는 부부도 있다. 열성으로 유전되는 질환은 25퍼센트의 출현율을 갖고 있다는 설명은 전적으로 잘못 해석될 수도 있다. 그것은 임신할 때마다 특정 질환이 출현할 위험률이 25퍼센트라는 뜻이며, 이 위험률은 이미 출생한 아이의 수에 따라 달라지지 않는다. 어떤 부모는 첫아이가 이미 그 질환을 가지고 있으므로 세 번째 임신은 안전할 것이라고 잘못 생각하는 경우도 있다. 불행히도 우리는 이같은 부모의 몰이해 때문에 빚어진 수많은 비극을 볼 수 있었다.

위험률을 간과하면 비극을 부른다

문제를 더욱 복잡하게 만드는 요인으로, 위험성의 인식과 확률의 해석은 인격에 따라 다르다는 사실이 알려졌다. 같은 확률을 마음속에 두고 있으면서도 비관적인 부모는 낙관적인 부모와 매우 다른 결론에 도달한다. 낙관론자와 비관론자 사이에는 위험성에 대한 태도에서 근본적인 차이가 있음이 잘 알려져 있다. 더욱이 위험성에 대한 인식은 기분 상태에 따라서도 달라진다.

불안감은 상담을 해친다

불안감이 지나치면 유전상담은 큰 효과를 거두기 어렵다. 불안에 짓눌린 상태에서는 의사로부터 얻은 모든 정보를 수용하기 어렵기 때문이다. 의사와 환자 모두에게 이 불안감을 없애는 것이 매우 중요하다. 이를 위해서는 수 주일 뒤 다시 상담을 계획해, 첫 번째 상담 시간에 논의된 모든 문제, 질문과 답을 다시 검토함으로써 해결할 수 있다. 불안 외에도 부모 중 한쪽 또는 양쪽에 의한 진단의 부정은 큰 걸림돌로 작용할 수도 있다. 어머니가 치명적인 예후를 반박하거나 문제의 질환이 유전성이 아니라고 고집하는 경우도 있다. 어떤 아버지는 자신이 어떤 유전병의 보인자로 판명되었다는 진단을 받아들이지 못해 자기 아이를 친자가 아니라고 주장한 경우도 있었다.

기타 장애물

최근 존스 홉킨스 의과대학의 연구에서는 관찰대상 가족의 약 44퍼센트가 유전상담 결과를 제대로 이해하지 못한 것으로 나타났다. 이 연구는 우리가 오래전부터 알고 있거나 의심해 왔던 사실, 즉 종교가 유전상담을 방해하는 주요 장애물이라는 점을 확인해 주었다. 실제로 여러 종교적 이유로, 많은 부부가 치명적이거나 비극적 유전병을 가진 아이를 출산할 위험성이 있음에도 불구하고 아이를 계속 낳고 있다. 또 상담자는 때로는 상담 과정을 복잡하게 만드는 곤란한 가족 내 문제에 봉착하게 된다. 여러분들은 자신의 가족에서(또는 다른 가족에서) 가족 구성원 간의사소통이 흔히 실망스러울 만큼 미미하거나 전혀 존재하지 않는다는 사실을 알게 될 것이다. 부모들이 죽은 첫아이에 관해서 또는 심한 지적 장애를 가진 형이나 누나가 어떤 수용소에 숨겨져 있다는 사실을 그들의 자녀에게 알리지 않는 경우가 있다. 실제로 한 20세 여성이 결혼 직전에야 이웃을 통해 출생 시부터 장애가 있어 아직도 수용소에서 생활하는 오빠가 있다는 사실을 알고는 절망한 경우가 있다. 그녀의 부모는 비극을 막을 수 있는 이 중요한 정보를 20년 동안이나 숨겨 왔던 것이다. 진실을 은폐하는 행위는 부도덕할 뿐 아니라 법적 문제를 일으킬 수도 있다. 심지어 근육위축증이나 혈우병 같은 중요한 유전병 아이를 낳을 확률이 그들의 자녀에게도 있다는 사실을 자녀에게조차 말하지 않기로 작정한 부모들도 있다.

유전상담을 하는 곳

이미 말했듯이, 이상적인 유전상담은 유전학과가 개설된 대형 병원이나 의과대학 부속병원의 전문가를 통해 이루어진다. 그러나 이런 이상적 상황은 다른 많은 인생사에서처럼 쉽게 찾을 수 없다. 최근 선진국의 경우 거의 모든 대학병원에 유전상담을 제공할 수 있는 많은 우수한 센터가 있으며, 이들은 대부분 국립재단에 의해 지원을 받고 있다. 우리나라에서는 삼성서울병원 의학유전학 관련 센터, 차병원(차 여성의학 연구소) 유전학클리닉, 분당차여성병원에서 전문적인 유전상담을 실시하고 있다.

11장

산전진단 :
양수천자와 융모막 융모 생검법

"선생님, 태아는 정상인가요?"라는 물음은 행복을 꿈꾸는 임신부들의 공통된 관심사이다. 실제로 모든 산모들이 가장 걱정하고 바라는 것은 건강하고 정상적인 아기를 낳는 것이다. 기형아 및 지적장애아 등과 같은 건강하지 못한 아기의 출산은 아기 본인은 물론 부모에게도 평생 근심과 고통을 주며, 국가·사회적으로도 큰 부담이 되는 비극이다. 이러한 비정상아 출산 확률은 3~4퍼센트인데, 100명의 신생아 중 3~4명이라는 문제의 심각성은 설마 하는 안이한 마음으로 안심하고 있을 수만은 없는 불안감을 모든 이에게 주는 것이다. 오늘날 행복한 가정을 설계하는 많은 젊은 부부들은 실제로 자신들이 결함 있는 아기를 낳을 위험성에 대해 예민한 관심을 보이고 있으며, 또한 그러한 비극이 상당 부분 예방 가능하다는 사실을 인식하고 있다.

이번 장에서는 기형, 지적장애, 유전병 등을 사전에 예방할 수 있는 방법들을 살펴보고자 한다. 이러한 방법들은 한마디로 표현하자면 '산전진단'이라 할 수 있다. 산전진단은 임신 초기 단계에서 태아의 심각하고 치명적인 질환을 정확히 확인할 수 있게 해준다. 만약 이러한 질환이 임신 초기에 발견된다면 임신을 중단하고 이후 건강한 태아를 가질 수 있는 기회를 마련할 수 있다. 여기에서 우리는 여러 가지 의문을 제기하게 된다. ─산전진단은 언제, 어디서, 어떻게, 누가 시행하는 것인가? 산전진단이 필요한 경우는 어떤 상황인가? 산전진단은 과연 어느 정도 정확성을 지니는가? 어떤 이유로든 유산을 시킬 수 없는 경우에 기형아를 임신했다면 어떻게 해야 하는가?─이러한 모든 의문점에 대해 알아보기로 한다.

배경

태아의 유전병을 출생 전에 진단할 수 있게 된 것은 그리 오래된 일이 아니다. 산전진단의 초석은 1930년대 초기에 산모의 자궁을 주사침으로 천자해 양수를 뽑아낼 수 있는 기술이 개발되면서 마련되었다. 그로부터 약 30년 후인 1961년에는 임신 말기나 신생아기에 사망까지 초래할 수 있는 산모와 태아 상호 간 Rh 혈액형 부적합증에 기인한 용혈성 빈혈을 양수천자로 진단함으로써 모체의 자궁 내에 있는 태아의 유전병을 확인하는 최초의 시도가 이루어졌다.

이후 연구가 급격히 발전하면서, 용혈성 빈혈로 인해 모체의 자궁 안에서 사경을 헤매는 태아를 치료하기 위해 산모의 복벽을 통해 적합한 혈액을 교환수혈하여 자궁 내의 태아를 성공적으로 치료할 수 있는 혁신적인 방법이 개발되었다. 또한 동시에 산모에게 Rh 항원에 대한 면역을 부여함으로써 이후 임신에서 태아가 Rh 부적합증에 따른 용혈성 빈혈을 겪지 않도록 예방할 수 있게 되었다. 그 후 양수천자로 얻은 양수 검사로 많은 유전병을 산전진단할 수 있게 되었다. 이러한 산전 양수 검사는 임신 14주에서 16주에 시행된다.

1955년에 태아에서 떨어져 나와 양수 속에 떠다니는 세포를 조사하는 간단한 방법으로 태아의 성을 알아낼 수 있게 되었다. 이는 여자아기의 몸에서 떨어져 나간 양수 내 세포를 염색했을 때, 핵에 XX핵형의 세포에서만 특이하게 'Barr소체'라는 핵 안의 까만점이 관찰되어 Barr소체가 없는 XY세포와 구별이 가능하게 되었다. 실제로 이러한 방법을 이용해 1960년대에는 남아에게만 발병하는 혈우병, 근육위축증 등의 반성 유전병을 가진 태아를 임신 초기에 판별해 건강한 여아만 출산하도록 할 수 있었다.

이러한 양수천자를 이용한 산전진단은 1960년대 중반, 태아에서 떨어져 나온 양수 내 세포를 실험실에서 배양하는 데 성공하면서 새로운 전기를 맞았다. 이 혁신적인 과학적 발전으로 양수 내 세포의 염색체 분석이 가능해졌고, 이후 이를 활용해 염색체 이상에 기인한 유전병의 산전진단이 시도되었다. 마침내 1968년 미국의 발렌티(Valenti) 박사가 다운증후군을 최초로 산전진단하는 데 성공했으며, 그 이후 태아 유전병의 산전진단은 널리 보편화되었다.

양수천자 시행 전에 알아야 할 사항

양수천자를 시행하기 전에 산모와 그 배우자는 담당 산과의사와 충분한 상담을 해야 한다. 이때 만약 희귀하거나 전문적 지식이 필요한 난해한 유전병 때문에 양수천자를 고려하는 경우에는 유전병을 전공하는 의사와의 유전상담이 필요할 수 있다. 이러한 상담을 통해 산모와 배우자는 태아가 지니고 있을 가능성이 있는 유전병에 대해 정확한 정보를 제공받을 수 있다.

또한 양수천자는 외과적 검사 방법이므로 드물지만 자연 유산이나 감염 등의 합병증이 발생할 수 있음을 충분히 이해시켜야 한다. 그 외에도 양수세포의 배양이 5~10퍼센트의 경우 실패할 수 있어 한 차례 이상의 양수천자가 필요할 수 있으며, 이 검사를 통해 모든 기형이나 유전 질환을 진단할 수 있는 것은 아니라는 점 역시 이해시켜야 한다.

양수란 무엇인가?

수정란이 자궁벽에 착상한 지 며칠이 지나면 배아는 양낭(amniotic sac)에 둘러싸이게 된다. 이때 양낭에 채워지는 액체가 바로 양수이며, 초기에는 배아로부터 분비된다. 배아기가 지나면 태아조직으로부터 분비된 액체와 태아의 소변이 양수의 상당 부분을 차지하게 된다. 이러한 양수 속에서 태아는 자유로이 움직이며 충격과 외부자극으로부터 보호받는다〈그림 14 (a)〉. 배아가 자궁벽에 뿌리를 내린 곳에 원반형의 태반이라는 구조가 발달하게 되는데 이를 통해 태아는 모체와 연결된다. 태반은 모체로부터의 독물질이 태아로 유입되는 것을 저지하며, 모체로부터의 산소, 영양분, 세균, 아스피린 등의 일부 약물은 통과시킨다. 동시에 양수에는 모체 혈액으로부터 유래된 물질들도 포함되어 있다. 양수에는 태아에서 떨어져 나온 세포뿐 아니라 태아에서 기인한 단백질, 탄수화물, 지방, 전해질 및 기타 여러 가지 화학물질이 포함되어 있다.

양수 검사는 어떻게 하는가?

양수 내에는 태아의 피부 및 구강 점막, 장 점막, 기관지 점막, 비뇨기계 점막 등에서 떨어져 나온 세포들이 떠다닌다. 양수천자로 양수를 채취했을 때 일부 양수세포들은 죽어 있을 수도 있으나 많은 세포들은 아직

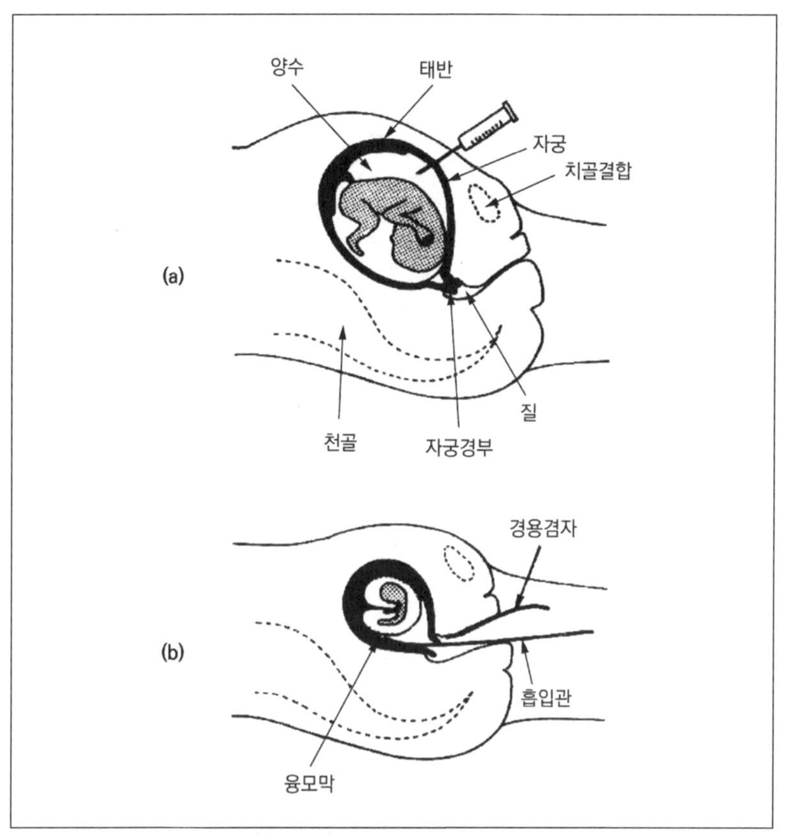

그림 14 | 양수천자(a) 및 융모막 융모 생검법(b)

살아 있어 실험실에서 배양이 가능하다. 이러한 양수세포를 배양액이 들어 있는 무균처리된 접시나 플라스크에 넣어 알맞은 조건을 갖춘 배양기 속에 넣고 일주일에 몇 회 배양액을 교환해 주면 세포는 활발히 분열을 시작해 수천, 수만 개의 세포가 된다. 이러한 양수세포 배양 방법으로 태아의 염색체, 핵형, 성, 특정 효소의 활성도 등을 검사하게 된다. 염색체 검사를 위해서는 2주에서 3주간 이같이 양수세포를 배양, 세포 분열 중기에 있는 양수세포를 택한 후 15~30개 세포의 염색체를 관찰하게 된다.

양수세포의 배양이 실패해 결과를 얻지 못하는 경우는 5~10퍼센트 정도이다. 이는 양수천자 시행 시 검사실까지 양수를 가져오는 과정, 또는 실험실에서의 무균조작의 실패 때문이거나 원인불명으로 배양이 실패하는 경우에 기인한다. 가급적 양수천자 후 몇 시간 내에 처리해 배양하는 것이 좋은 결과를 가져온다. 만약 양수 채취 후 사정이 여의치 않다면 4°C 냉장고에서 하루 정도 보관해도 대부분 무관하다. 양수천자 시 혈액이 양수에 섞이는 경우가 있는데 혈액이 많이 섞이지 않는 한 이는 양수세포 배양에 큰 영향을 주지 않는다.

초음파의 이용

양수천자 시행 전에 초음파 검사로 태반의 위치를 정확히 파악해야 한다. 태반을 찌르지 않고 양수천자를 실시해야 출혈 위험을 줄일 수 있기 때문이다. 또한 초음파로 태아의 두경부 직경을 잴 수 있으므로 무뇌아, 뇌수증의 진단이 가능하며 주기적 초음파 검사로 두경부와 몸체 성장을 관찰할 수 있어 자궁 내 태아 발육 지연과 연관된 유전병의 진단에 도움이 된다. 양수천자 시행 전 초음파 검사의 가장 중요한 장점은 쌍생아 진단에 있다. 쌍생아가 확인되지 않은 채 양수천자를 실시할 경우 쌍생아가 서로 다른 양막강 내에 있다면 한쪽 양수만 검사하게 되므로 다른 한쪽에 비정상 태아가 있을 경우에도 정상으로 결과가 나올 수 있다. 그러므로 양수천자 시행 전의 초음파 검사는 필수적이다.

양수천자의 안전성

양수천자를 할 때 합병증으로 출혈, 감염, 조기 진통, 유산, 태아 손상이 있을 수 있다. 1975년 10월 미국 'National Institute of Child Health and Human Development Collaborative Amniocentesis Registry Project'는 4년간의 연구 결과를 보고했다. 9개의 기관에서 양수천자를 실시한 1,040명의 산모와 실시하지 않은 992명의 산모를 비교한 결과 유산이나 사산율에서 유의한 차이는 없었다. 또한 두 그룹에서 분만한 신생아들 사이에서도 분만 손상이나 운동계, 지능발달 지연의 발생 빈도에 유의한 차이는 없었다. 이러한 연구들은 양수천자가 안전한 검사 방법임을 시사해 준다.

양수천자의 문제점

양수천자는 시행 시기가 임신 중기(15~18주)이고, 2~3주 배양을 해야 염색체 결과가 나오므로 치료적 임신 중절을 시행해야 할 경우 신체적, 정신적, 도덕적 후유증을 감수해야 하는 문제점이 있었다. 이런 문제점을 해결하기 위해 융모막 융모 생검법이 개발되었다.

융모막 융모 생검법

융모막 융모 생검법은 임신 초기(9~11주)에 시행할 수 있으며, 검사 결과도 수일 내에 알 수 있다. 조기 진단을 통해 태아의 이상이 발견될 경우 흡입 임신 중절이 가능하므로, 모체의 신체적·정신적 부담을 줄여주는 장점이 있다. 이러한 이유로 융모막 융모 생검법은 양수천자를 대신하는 산전 유전병의 진단 방법으로 점차 보편화되고 있다. 생검법 시행 직전에는 반복 초음파 검사로 태아 심박동 유무, 임신낭의 수와 크기, 성장 상태 등이 적절한지를 확인하고 융모막의 위치를 확인한다. 이후 초음파 감시하에서 〈그림 14(b)〉와 같이 카테터(catheter)를 융모막까지 삽입한 뒤, 음압을 가해 융모 조직을 채취한다.

채취된 융모로 세포유전학적 분석, DNA 분석 및 효소 분석이 가능하다. 융모막 융모 생검 시 발생할 수 있는 합병증으로는 태아 손실, 출혈, 감염, 양막 파열, Rh 감작 등을 들 수 있다. 이러한 합병증의 빈도는 양수천자와 비교했을 때 단지 0.8퍼센트 차이에 불과해 안전한 산전진단 방법으로 인정받고 있다.

12장

산전진단 :
염색체 이상

유전병의 가족력이 있거나 자식 중에 유전병을 지닌 아이가 있는 여성, 그리고 35세 이상의 여성이 임신한 경우에는 태아에 대한 산전 검사가 필요하다. 또한 1) 염색체 이상, 2) 성 연관 유전병, 3) 유전적 대사성 질환, 4) 유전적 선천성 기형의 네 가지 범주에 해당하는 아이를 가질 위험이 있는 부부의 임신에서도 태아의 산전 검사를 실시해야 한다. 본 단락에서는 이 가운데 염색체 이상에 관해서만 살펴보고자 한다.

태아에 대한 산전 검사를 실시하는 가장 중요한 이유는 태아의 염색체 이상 여부를 확인하기 위함이다. 신생아 200명 중 1명이 염색체 이상을 가지고 태어난다. 미국의 경우는 한 해에 약 2만 명 이상이 염색체 이상을 지닌 채 태어나고 있다. 또한 자연 유산된 모든 태아의 40~60퍼센트가 심한 염색체 이상을 보인다. 임신 4개월 이전에 유산된 경우는 25퍼센트가 염색체 이상을 나타내지만, 4개월 이후 유산된 경우는 단 3.5퍼센트에 불과하다. 생후 하루 만에 사망한 영아에서도 5.6퍼센트가 염색체 이상을 가진 것으로 나타났다. 생명체는 이처럼 연속성을 유지하는 과정에서 우연적이면서도 필연적인 실수를 범하지만, 최근 의료 기술의 발달로 인해 그동안 파악되지 못했던 이러한 이상을 임신 초기 단계에서 진단하고 예방할 수 있게 되었다.

염색체 이상으로 생기는 장애를 막는 단 하나의 적절한 방법은 임신 중절이다. 그러나 대부분의 부부는 임신 중절뿐만 아니라 산전진단에 대해서도 거부감을 느끼며 동시에 이를 거부할 권리도 가지고 있다. 마찬가지로 부부가 임신 중절과 산전진단에 대해 긍정적이고 태아가 기형인 것을 알게 된다면 임신 중절을 선택할 권리 또한 갖게 된다. 하지만 임신 중절의 결정은 어디까지나 부부의 몫이며, 의사나 다른 사람의 간섭은 피해야 한다.

35세 이상 산모에서의 염색체 이상아 출산

정확한 원인은 아직 알려지지 않았으나, 고령 산모는 젊은 산모에 비해 염색체 이상을 지닌 아이를 출산할 가능성이 현저히 높다. 35~39세 산모의 경우 약 2.2퍼센트의 빈도로 염색체 이상인 아이를 출산할 위험이 있다. 이러한 위험은 산모의 연령이 높아질수록 증가한다. 40세 산모에서는 약 3.4퍼센트, 45세 이상에서는 약 10퍼센트에 이르는 것으로 보고된다〈그림 15〉. 이러한 빈도는 이전 출산 경험, 즉 출산 횟수와는 무관하다.

환자 및 의사들은 나이 증가에 따른 위험률 증가를 주로 다운증후군에서만 연관지어 왔다. 그러나 다른 네 가지 염색체 이상 질환 또한 산모 연령의 증가와 그 발생 빈도가 깊이 관련된 것으로 알려져 있다. 최근 미국에서는 산모의 5~6퍼센트가 35세 또는 그 이상의 고령이었으며, 이들이 낳는 아이도 한 해에 약 16만 명 이상에 이른다. 다운증후군으로 태어난 아이들 가운데 약 25퍼센트는 산모 연령이 35세 이상이었다.

필자는 약 7년 동안 35세 이상의 산모에게 양수천자를 권고해 왔으나, 대부분은 이를 받아들이지 않았다. 1974년 필자는 매사추세츠에서 고령 산모의 약 4.1퍼센트에게 산전 검사를 시행한 결과를 보고했다.

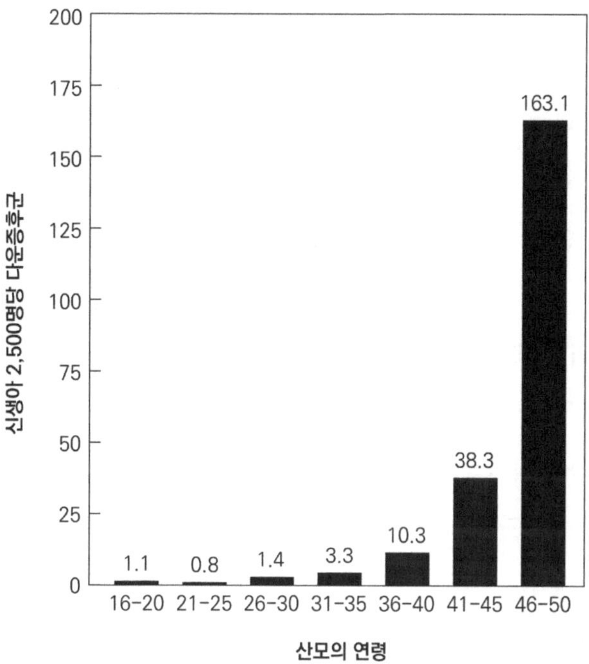

그림 15 | 다운증후군의 출생 빈도와 산모 연령과의 상관관계

고령 산모에 대한 산전 검사의 빈도가 다른 주에서는 더욱 낮게 나타났다. 양수천자라는 중요한 기술의 이용이 현저하게 낮은 데에는 몇 가지 원인이 있다. 앞서 언급한 미 연방정부의 지원을 받는 'Collaborative Amniocentesis Registry Project'가 1975년 10월 보고되었을 당시, 많은 의사들은 양수천자의 안전성과 정확성에 대해 염려하고 있었다. 그 당시(최근까지도) 일부 의사는 산전진단에 대해 익숙하지 않았으며,

나머지 의사들은 유산에 대해 반대했다. 1960년대 말과 1970년대 초까지만 해도 산전진단을 위한 설비가 많은 주에서 유용하게 이용되지 못했다. 그러나 지금은 상황이 다르다. 현재는 산전진단의 안전성과 정확성이 잘 알려져 있기 때문에 산전진단이 필요한 임신부들이 이를 기피할 이유는 없다.

염색체 이상의 보인자인 부모

우리 대부분은 정상적인 상태라 하더라도 염색체 이상에 대한 보인자가 될 수 있다는 사실을 잘 알지 못한다. 실제로 약 1,000명 가운데 1명은 자식에게 전달될 경우 선천성 기형이나 지적장애를 초래할 수 있는 염색체 이상 보인자이다. 염색체의 집단 검사는 현실적으로 불가능하므로, 염색체 이상이 있는 아이를 낳은 경우를 포함해 염색체 이상 가족력이 있는 사람은 꼭 염색체 검사를 받아야만 자손에서의 비극을 예방할 수 있다.

만약 아이가 21번 염색체를 하나 더 가지고 있는 경우라면 부모의 염색체 검사는 필요하지 않다. 그러나 아이의 염색체 이상이 전좌형이거나 모자이크형이라면, 염색체 이상의 기원을 확인하기 위해 부모의 염색체 검사가 반드시 필요하다. 염색체 이상의 기원이 확인되면 형제자매 및 해당 계통의 친척들에게도 염색체 검사를 실시할 수 있다. 산전 염색체 검사는 부모 중 한 사람이 전좌형 보인자인 경우 임신이 되면 시행한다. 다운증후군 유아의 2퍼센트에서 부모 중 한쪽이 염색체 검사를 통해 전좌형 보인자인 것으로 나타났다. 유전되는 염색체 이상의 형태는 태아에서 진단할 수 있으므로 이러한 경우 부모는 산전진단을 통해 염색체 이상을 지닌 아이의 출산을 예방할 수 있다.

가족력의 중요성은 다음 예에서 찾아볼 수 있다. Joanne는 18세 미혼 여성으로, 약혼 중 임신 사실을 알게 되어 유전상담을 위해 병원을 찾았다. 당시 임신 16주였다. 상담을 받게 된 동기는 그녀의 언니가 과거에 다운증후군 아이를 출산한 경험이 있었기 때문에, 자신의 태아 또한 같은 증후군을 유전받았을 가능성을 확인하기 위해서였다. 언니 아이의 핵형은 확인할 수 없었으나 그녀의 태아가 다운증후군 위험이 높다고 판단되어 즉시 양수 검사를 시행했다. 2주 후 결과에서 태아의 핵형은 유전성 다운증후군으로 진단되었고, 이에 따라 산모와 약혼자는 태아를 유산시키기로 결정했다. 동시에 Joanne의 혈액을 채취해 염색체 검사를 실시한 결과 그녀는 다운증후군의 전좌형 보인자임이 밝혀졌다. 더 나아가 그녀의 모친과 언니도 동일한 유전성 다운증후군 보인자로 확인되었다.

이후 그녀는 약혼자와 결혼해 다시 임신을 하게 되었다. 임신 3개월째 Joanne은 스스로 산전 검사를 받기 위해 병원을 찾아왔고, 적절한 시기(임신 14주에서 16주 사이)를 택해 양수 검사를 시행한 결과 다행히 태아의 염색체는 정상이었다. 그러나 염색체 결과가 확인되던 날, 그녀는 자신에게 임신 3개월째에 풍진의 전형적인 증상이 있었음을 이야기했다. 혈액 검사에서 그녀는 풍진 바이러스에 실제로 감염되었음이 나타났다. 임신 21주에서 22주 사이에 다시 양수 검사를 시행한 결과 양수 속에서 풍진 바이러스가 검출되었다. Joanne과 그 배우자는 이번에도 아이를 유산시키기로 결정했다. 유산된 태아를 검사한 결과, 풍진 바이러스에 심하게 감염되어 있음이 확인되었다. 자궁 내 태아가 풍진 바이러스에 감염될 경우, 앞에서 설명했듯이 지적장애는 물론 심장 질환, 성장 장애, 청각장애가 발생하는 것으로 알려져 있다.

몇 달 후에 그녀는 세 번째 아이를 임신했다. 이번에도 양수 검사를 받았는데 60개의 분열 중기 세포를 분석한 가운데 1개의 세포에서 비정상적인 환상형 염색체가 발견되었다. 그러나 이 결과만으로는 태아가 실제로 비정상인지 여부를 판단할 수가 없었다. 젊은 부부는 이미 여러 번 좌절을 경험했으므로 이번에는 임신을 계속하기로 결정했다. 다행히 Joanne은 건강한 딸을 출산했으며, 출산 후 시행한 혈액과 조직의 염색체 검사 결과 모두 정상으로 나타났다.

다운증후군의 아이를 출산한 경력이 있는 경우

비유전성 다운증후군의 아이를 한 번 출산한 부모가 다음에 같은 증후군의 아이를 출산할 위험성은 1~2퍼센트 정도로 알려져 있다. 그러나 다운증후군을 가진 12가계 중 최소한 절반에서는 다음 아이도 다운증후군이었던 것으로 보고된 바 있다. 따라서 자녀 가운데 한 명이 다운증후군인 경우, 부모는 다음 아이를 가질 때 반드시 양수 검사를 받을 필요가 있다.

출산 전에 염색체 검사가 필요한 기타의 경우들

젊은 부부에게 자주 발생하는 여러 문제가 모두 산전진단의 대상이 되는 것은 아니다. 예를 들어 부모 중 한 사람 혹은 모두가 환각제를 사용한 적이 있거나, 산모가 헤로인 중독으로 현재 메사돈 치료를 받고 있는 경우에는 양수 검사가 권장되지 않는다. 또한 풍진, 천연두 이외의 다른 전염성 질환이나 임신 중 방사선에 노출된 경우에도 특별히 산전 검사를 받을 필요가 없다. 이는 아직까지 검사가 불가능한 경우가 많고, 감수성이 낮아 신뢰할 만한 진단의 자료를 얻기 어렵기 때문이다. 그러나 산모가 갑상선 기능 항진증을 가진 경우에는 산전 검사가 필요하다. 이 경우 정상인에 비해 염색체 이상아 출산 위험이 약 8배 증가한다는 보고가 있으며, 반대로 갑상선 기능 저하증이 있는 경우에도 비슷한 위험성이 나타난다.

쌍생아 임신의 경우, 예일 대학의 연구에 따르면, 쌍생아 중 한 명이 염색체 이상을 갖게 될 위험이 6배나 증가한다. 때때로 출산을 앞둔 부모 중 한쪽의 염색체가 비정상적인 것으로 확인되면 태아의 이상 발생 위험성이 크게 높아지므로, 양수 검사를 비롯한 산전 검사가 반드시 필요하다. 산모가 반복적으로 유산을 하는 경우, 낮은 비율이지만(약 3~8 퍼센트) 산모 또는 남편의 염색체에 아주 작은 변화라 할지라도 중요한 이상으로 이어질 수 있는 것으로 알려져 있다.

이웃에 사는 사람이 다운증후군 아이를 출산했다는 이유만으로 막연한 두려움을 갖고 산전 검사를 받을 필요는 없다. 대부분의 유전상담

병원에서는 위험성이 확실하게 드러난 경우에만 산전 검사를 시행하는 것을 원칙으로 정해 놓고 있다.

정확도와 오진

미국의 통계에 따르면 양수 검사를 통한 산전진단의 정확성은 약 99.4퍼센트로 나타났다. 총 1,020례 중 오진은 단 6례뿐이었다. 6례 중 3례는 태아의 성 구분이 잘못된 경우였는데, 이는 세포의 수가 충분하지 않은 상태에서 검사했기 때문에 오차가 발생한 것으로 태아가 성염색체 연관 유전병과는 무관했으므로 큰 문제는 되지 않았다. 그러나 2례에서는 검사 결과는 정상이었으나 다운증후군의 아이가 출산되었다. 그중 하나는 같은 날 유산한 다른 산모의 양수와 검사 과정에서 바뀐 것으로 밝혀졌다. 마지막 1례는 치료가 가능한 대사성 질환인 유당혈증이었으며, 다행히 부모가 유산을 선택하지 않았다. 만일 출산 직후에 이 질환이 발견되지 않았다면 어떻게 되었겠는가!

정확한 근거 자료에 의한 것은 아니지만 미국에서 산전 검사에 따른 오진의 빈도는 1,000명 중 7명 정도로 보고된다. 이 가운데 대부분은 성별 판정 오류였다. 이는 다른 검사들의 정확도와 비교해 볼 때 그 정확성이 아주 높은 것임을 보여준다. 그러나 빈도가 낮더라도 오진의 가능성은 항상 존재한다. 따라서 양수 검사를 받으려는 산모는 이러한 사실을 염두에 두고 산전진단 경험이 충분한 의료 기관을 이용하는 것이 좀 더 현명한 방법일 것이다.

13장

산전진단 :
효소결핍증을 비롯한 기타 유전병

염색체 이상아를 출산할 위험률은 10퍼센트 미만에 지나지 않는다. 그러나 기타 유전병의 위험률은 25~50퍼센트에 이르며, 이 중 어떤 이상은 아주 심각해 평생 고통을 주거나 출생하더라도 정상적인 삶을 유지하지 못하는 경우가 있다. 그러나 색맹처럼 일상생활에는 전혀 지장이 없는 유전병도 많다. 이처럼 위험률이 높다는 사실을 알게 되면 부모로서는 아기를 가져야 할지 심각한 고민에 빠지게 된다.

1968년 이후 이러한 유전병을 출산 전에 검증할 수 있는 방법이 개발되면서 부모는 임신 초기 단계에서 건강한 아기를 선택할 수 있는 가능성을 갖게 되었다. 태아의 유전병 검증을 위해 다음 세 가지 측면에서 살펴보고자 한다. 첫째는 성과 관련된 반성유전인 경우, 둘째는 유전병이 물질대사에 관련된 생화학적 이상인 효소결핍증의 경우, 그리고 셋째는 유전적으로 출생 시에 나타나는 신체적 장애이다.

반성유전병의 산전진단

지금까지 반성유전으로 알려진 질병만 해도 약 150종이나 되며 뇌, 혈액, 눈, 표피 등 여러 기관에서 발생하는 질병이 알려져 있다. 성과 연관된 많은 유전병 가운데 실제로 출생 전에 진단할 수 있는 것은 몇 종되지 않으며, 이러한 질병은 그 병을 발견하고 기술한 의사의 이름을 따서 불리고 있다. 그러나 흔한 병은 아니다. 대표적인 예로는 파브리(Fabry)병, 헌터(Hunter)증후군, 레쉬-니한(Lesch-Nyhan) 증후군과 멘케스(Menkes) 강모 증후군 등이 있다.

파브리병은 실제로 효소의 결핍에 의해 발생하는 생화학적 질병으로, 체내에서 정상적으로 분해되어 이용되어야 할 여러 지방산이 축적되면서 신장과 혈관에 이상을 일으켜 고혈압이나 뇌일혈을 유발한다. 이러한 환자에 대해서는 특별한 치료 방법이 개발되지 않아 대체로 30~40대에 사망하는 경우가 많다. 문제는 태아가 출생 전에 이러한 파브리병으로 진단되었을 때 부모가 어떤 결정을 내려야 하느냐는 점이다.

헌터증후군도 효소 결핍으로 인해 발생하는 생화학적 질병이며, 체내에 축적되는 물질은 뮤코다당(mucopolysaccharide)이다. 이 물질은 체내 여러 기관에 쌓이기 때문에 나타나는 증상도 다양하다. 뇌에 축적되면 지적장애, 심장에 축적되면 심장마비, 관절에 축적되면 관절염으로 행동이 부자연스러워지며, 간에 축적되면 간이 부어 이상을 초래하는 등 여러 문제를 일으킨다. 이러한 환자는 많은 고통을 겪은 끝에 대체로 20대 전에 사망하며 그 증상은 앞서 언급한 파브리병보다 훨씬 심각해 사실상 정상적인 삶을 유지하기 어렵다.

레쉬-니한 증후군도 효소 결핍으로 인한 생화학적 질병으로, 뇌 기능 이상 때문에 심한 지적장애가 나타나며, 특히 자해 행동을 보이는 매우 비극적인 질환이다. 환자는 손가락이나 입술 등을 스스로 깨물어 늘 상처를 입고 있으며, 때로는 사지가 경직되어 움직이기 어려운 경우도 있다. 그러나 이러한 환자도 적절한 보호와 상처 치료, 자해 행동을 차단하는 관리가 이루어진다면 생존 자체에는 큰 지장이 없을 수 있다.

뱃속의 아기가 남아일 경우 진단 가능한 병으로는 멘케스 강모 증후군을 들 수 있다. 이 환자들의 특징은 머리카락이 마치 철사처럼 뻣뻣하고 단단하다는 점이다. 이 환자들에게는 지적장애가 흔히 동반되는데, 이는 체내 구리 성분을 제대로 대사하지 못한 결과이다. 불과 얼마 전까지만 해도 출산 전 진단이 가능한 유전병은 그리 흔하지 않았으나 최근에는 양수 검사, 태아의 혈액 검사, 태아 세포 및 조직을 이용한 DNA 검사를 통해서 많은 유전병의 진단이 가능하게 되었다.

반성유전과 관련된 질병의 경우는 태아의 성을 검정함으로써 그 아기가 출생 후 그 질병에 감염될 확률이 얼마나 높은지를 알 수 있다. 열성인 반성유전은 여아에게서 나타날 확률은 아주 적지만 남아의 경우 약 50퍼센트의 확률로 나타날 수 있다. 따라서 산모는 임신 초기 단계에서 이에 따른 결정을 내려야 하는 상황에 직면하기도 한다.

유전상담소를 찾은 26세 여성 Sharon의 사례를 들어보자. 당시 그녀는 임신 4개월이었으며 이미 전 남편과의 사이에서 낳은 아들을 잃은 경험이 있었다. 첫 아이는 태어나서부터 면역성이 없어 감염으로 영아기에 사망했으며, 그 원인은 반성유전인 면역결핍증이었다. 이로써 그녀는 해당 유전인자를 보유하고 있음이 확인되었고, 임신한 아기가 남아일 경우 이 병에 걸릴 확률이 50퍼센트라는 사실도 알게 되었다. 그러나 Sharon은 그 위험성을 고려하지 않았고, 결국 두 번째 아들도 같은 질환으로 출생 직후 목숨을 잃고 말았다. 이후 Sharon은 새로운 배우자를 만나 세 번째 임신을 했을 때, 남편의 권유로 출산 전 검사를 받았다. 그 결과 태아가 여아임이 확인되었고, 출생 후 건강하게 성장할 수 있었다.

앞에서 말한 바와 같이 유전병에는 특정 성별에서만 나타나는 경우도 있다. 예를 들어 색소실조증(incontinentia pigmenti)이라는 피부병은 뇌의 이상과 연관되어 있으나, 여성에게만 나타나므로 해당 질환을 가진 여성이 아들을 출산할 경우에는 문제가 되지 않는다.

혈우병이나 근육위축증은 반성유전으로 널리 알려져 있으며, 이 외에도 많은 반성유전에 의한 질병이 있다. 이러한 질병을 진단 검증하는 데는 정확한 가계도와 가족 친척들의 진단 기록서가 아주 중요한 자료가 된다. 렌페닝(Renpenning) 증후군은 남성에게만 나타나는 지적장애의 일종이다. 이 병은 지적장애 외에는 아무런 이상이 없어 보이기 때문에 가계도를 조사하지 않고는 쉽게 알 수 없다. 어떤 가계에서는 세 형제와 그들의 삼촌이 모두 동일한 지적장애 증상을 보인 적이 있다. 유전학의 발전과 함께 산전진단하는 방법도 개선되고 있다. 혈우병의 경우는 혈액 검사를 통해 보인자를 90퍼센트 이상, 근육위축증도 75퍼센트까지 식별할 수 있다.

효소결핍증의 산전진단

신진대사와 관련된 많은 유전병이 알려져 있으며 신생아 100명 중 1명은 이러한 생화학적 이상으로 추정되고 있다. 이들 가운데 상당수는 지적장애, 발작, 성장 부진을 보이거나 출생 후 어린 나이에 사망하기도 한다. 그러나 때로는 이러한 병에 걸렸다 하더라도 정신이나 육체의 발달에 큰 지장이 없는 경우도 가끔 있을 수 있다. 1960년대만 해도 유대인들에게 주로 발견되는 테이-삭스병만이 산전에 진단 가능했으나, 최근에는 수백 가지의 생화학적 유전 질환도 출산 전에 진단할 수 있게 되었다.

검증 방법

태아의 양수에 섞인 세포를 분리해 세포가 자랄 수 있는 배지에 옮겨 특수 항온기에서 몇 주 동안 배양한 후 그 세포가 갖고 있는 효소의 결핍 등을 조사함으로써 생화학적 이상을 검증할 수 있다. 초기에는 이러한 세포 배양이 쉬운 것은 아니었으며 정확한 진단을 위해 양수를 몇 차례 채취해야 하는 경우도 있었다. 최근에는 세포 배양 방법도 많이 향상되었으며, 채취된 세포에서 생화학적인 검증뿐만 아니라 염색체의 이상도 같이 조사하고 있다.

양수 검사는 모든 사람이 해야 하는 것이 아니라 생화학적 이상이나 유전적인 문제가 예기되는 경우에만 시행하는 것이 마땅하다. 구체적으로 양수 검사를 받을 필요가 있는 경우를 보면, 부모가 모두 생화학적인 이상을 일으킬 수 있는 유전인자를 보유하고 있는 때나 이미 출생한 아기가 유전병을 나타낸 경험이 있는 어머니가 임신했을 때, 또는 양수 검사가 아니고는 아기가 유전병에 감염되었는지 아닌지를 알 수 없을 때이다.

다만 이러한 경우 양수를 검사하는 것은 그러한 병으로 태어난 아기가 정상적인 발달을 하지 못하고 출생하더라도 극심한 고통으로 다섯

살을 넘기지 못하는 경우에 한해 행한다. 검사 결과에 따라 부모는 낙태를 선택해 불행을 예방할 수 있다.

출생 전 치료 가능성

출생 전에 어떤 병을 진단하는 이유는 그 병을 치료하기 위한 것이지, 낙태를 통해 아기를 없애려는 데 있는 것이 아니다. 우리가 알고 있는 많은 유전병은 출생 전부터 그 증상이 치명적이고 치료 방법도 알려져 있지 않아 낙태를 선택할 수밖에 없는 경우가 대부분이다. 그러나 다행히 몇몇 유전병은 태아에게 직접 또는 어머니를 통해 치료할 수 있다.

생화학적 이상에서 오는 메틸말론산혈증(Methylmalonic Aciduria)은 출생 전에 치료가 가능한 병이다. 이 병은 비타민 B_{12}의 신진대사 이상으로 생기며, 아기가 활기가 없고 자주 토하는 등 성장이 지연되고 자라면서 지적장애 증상을 나타낸다. 이러한 아기를 임신한 어머니에게 다량의 비타민 B_{12}를 주사함으로써 건강한 아기를 출산할 수 있다. 출산 후에도 어머니와 아기가 특별한 음식(저단백질 음식)을 섭취함으로써 앞서 말한 증상을 예방할 수 있다.

유당혈증도 출생 전에 진단 가능한 질환으로, 이 병을 가진 아기의 어머니에게 일찍 젖당이 없는 음식을 복용하게 함으로써 아기의 지적장애, 간 이상, 백내장을 막을 수 있다. 이 외에도 부신성기 증후군(Adrenogenital Syndrome), 갑상선 기능저하증(Hypothyroidism), 유전성 비타민 결핍증은 산전진단도 가능하며 치료할 수도 있는 예이고, 최근에는 치료 가능성이 급속도로 증가하고 있다. 이러한 유전병의 진단과 치료는 지속적인 유전학 연구의 성과라 할 수 있다.

태아 기형의 조기 발견

소아에게 심각한 신체적 기형을 유발하는 결함은 상당히 많다. 그러나 이들 대부분은 염색체가 정상으로 보이고, 생화학적 결함도 검출되지 않는 경우가 많다. 전형적인 이상형질로는 손이나 팔·다리가 없거나 기형으로 태어나는 경우, 머리에 심각한 결함이 있는 무뇌증, 머리가 비정상적으로 큰 뇌수종, 심장 결함 등이 있다. 이러한 질환을 태아기에 조기 발견할 수 있는 방법으로는 다음과 같은 것이 있다.

음파의 이용

소나(Sonar)의 이용은 연구나 발달 단계를 벗어나 새로운 진단 수단으로 받아들여지고 있다. 이 기술은 음파를 자궁에 통과시켜 태아의 형태를 정확히 측정함으로써 태반의 위치, 쌍둥이나 세쌍둥이의 판별, 그리고 주요 기형의 진단 등을 가능하게 한다.

소나에 의해 쌍둥이가 확인되고 이들에서 유전병이 나타날 가능성이 높을 경우에는 양수 채취 주사기를 이용해 방사능 차단 물질을 한쪽 양막강에 주입함으로써 이 양막강의 윤곽을 그려낼 수 있다. X선과 소나를 이용해 두 번째 양막강으로부터 양수를 뽑아낼 수 있다. 이는 기술적으로 어려움이 있어 아직은 그것의 신뢰도와 안전성이 확실하지 않다. 쌍둥이이면서 유전병의 위험성이 높은데 양쪽 양막강 모두에서 양수를 뽑지 못할 때 부모는 유전병의 위험성에 관한 통계적인 처리만을 바탕으로 임신을 계속할 것인지 중단할 것인지를 결정해야 하는 어려운 상황에 놓이게 된다.

양수를 채취하기 전에 쌍둥이라는 것이 확인되었다면 조심스럽게 다음 단계, 즉 실제 양수 채취를 생각해 봐야 한다. 한쪽의 양막강에서는 양수를 뽑아 검사를 할 수 있으나 다른 쪽에서는 양수를 뽑지 못하게 된다면 어떻게 될 것인가? 쌍둥이의 한쪽에 대한 검사결과가 정상으로 나타났으나 다른 한쪽은 비정상이라면 어떻게 할 것인가? 또 그 반대라면? 어느 한쪽이라도 비정상적인 태아가 있으면 임신 상태를 중단하는 것이 바람직하다. 그러나 이 경우 비정상 쪽의 임신을 중단하게 되면 한쪽의 정상적인 태아도 낙태시키는 것이 되기 때문에 결정을 내리기가 쉽지 않다.

뇌와 머리에 기형이 있거나 무뇌증일 경우, 초음파를 사용하면 임신 초기에도 이를 확인할 수 있다. 또한 같은 기술을 이용해 임신 중기에는 태아의 다낭성 신장 질환도 발견할 수 있다. 그러나 지적 장애를 동반하는 뇌수종이나 소뇌증과 같은 질환은 아직 임신 초기에는 진단이 어렵다. 이 두 질환의 경우 이론적으로는 임신 기간 동안 2~4주 간격으로 반복 검사를 시행함으로써 진단이 가능하다.

특수 X선 기술

양막조영법(Amniography) 혹은 태아조영술(Fetography)이라 불리는 이 방법은 주사기를 이용해 양수에 직접 조영제를 주입하는 것이다. 조영제는 태아의 피부에 달라붙어 매우 선명한 X선 영상을 얻을 수 있게 한다. 이를 통해 심한 머리 기형, 척추 이상, 심각한 팔다리 기형이나 팔다리가 전혀 없는 경우와 같은 비정상 태아를 구별할 수 있다.

이러한 기술은 임신 후반기에 성공적으로 진단한 사례들이 있으나 실제로 가장 도움이 되는 임신 14~24주 사이에는 거의 활용된 적이 없다. 즉, 임신 4~6개월의 시기에 이러한 기술을 이용해 진단한 경험이 거의 없어 아직 그 위험성 여부는 충분히 알려져 있지 않다.

일반 X선

임신 16주경은 태아 뼈 발달의 초기 단계이므로, 이 시기에 X선을 이용해 뼈의 이상을 확인하기는 매우 어렵다. 반면 임신 20~24주에는 X선을 통해 뼈의 이상을 진단하는 데 매우 유용한 정보를 얻을 수 있다. 예를 들어 골화석증이라 불리는 질환은 심각한 유전병의 하나로, 뼈의 골질이 비정상적으로 증가하는 것이다. 태아기에 이 병을 X선으로 진단하려면 적어도 임신 24주는 되어야 한다. 이론적으로는 이러한 방법으로 다른 종류의 태아 유전성 골 질환도 진단할 수 있다. 다만 X선 사용에 따른 위험을 줄이기 위해서는 이를 시도하기 전에 가계 내력을 조사하는 것이 바람직하다.

양수의 생화학적 분석

양수에는 태아로부터 분비된 여러 가지 물질이 함유되어 있다. 그 대표적인 예가 태아의 간에서 생성·분비되는 알파태아단백질(alpha-fetoprotein)이다. 1972년 스코틀랜드의 과학자들은 무뇌증과 같은 심각한 뇌 이상이나 척추 이상을 가진 태아의 경우, 양수에서 이 단백질의 농도가 매우 높다는 사실을 보고했다.

정상적인 상태에서 이 단백질은 태아의 간에서 만들어져 태아의 혈액으로 분비되고 태아가 배설할 때 오줌에 섞여 양수로 방출된다. 그러나 무뇌증 태아는 뇌가 개방되어 있고, 이분척추증 태아는 척추가 개방되어 있어 알파태아단백질이 직접 양수로 유출되므로 양수 내 농도가 매우 높아진다. 따라서 양수를 검사하면 이러한 결함을 가진 태아의 90퍼센트를 진단할 수 있다. 다만 이들 가운데 약 10퍼센트(대부분 아일랜드계 사람들에서 나타남)는 개방 부위가 피부로 덮여 있어 알파태아단백질이 새어나오지 않기 때문에, 양수 검사만으로는 식별이 어렵다. 이러한 특수한 경우에는 초음파나 양막조영법(Amniography)을 이용해 진단할 수 있다.

그러나 현재 여러 가지 방법을 이용하더라도 일부 경우에는 결함의 규모가 매우 미미해 현재의 기술로는 발견하기 어렵다. 다만 태아기 진단으로 확인되지 않는 이러한 종류의 결함은 출생 직후 수술을 통해 고칠 수 있다.

이러한 생화학적인 검사는 심각한 태아 신경계 결함을 진단하는 데 매우 유용하지만, 불행히도 실제로는 특이성이 부족하다는 점이 밝혀졌다. 즉, 양수 내 알파태아단백질이 증가하는 원인에는 이 외에도 다른 요인들이 있다는 사실이 발견된 것이다. 가장 흔한 경우는 태아가 이미 사망했거나 사망 직전에 놓인 절박한 상황에서 알파태아단백질 수치가 증가하는 경우이다.

태아의 혈청에는 알파태아단백질의 농도가 높기 때문에, 양수 채취 과정에서 부주의로 태아 혈액이 섞이면 결과적으로 양수 내 알파태아단백질 농도가 높아질 수 있다. 이러한 점에서 초음파 검사는 산과 의가 태반에 주사기를 직접 사용하지 않아도 되게 하여 혈액 누출을 방지하는 데 도움을 줄 수 있다는 점에서 매우 중요하다. 실제로 태아에 결함이 없음에도 알파태아단백질 농도가 높게 나타나 거짓 양성(false positive) 결과가 나오면 문제가 발생할 수 있다. 실제로 완전히 정상 태아였음에도 알파태아단백질 농도가 높게 나타나, 이를 염려한 나머지 유산으로 이어진 사례도 보고된 바 있다.

또한 양수의 알파태아단백질 농도가 높아지면 이 단백질이 어머니의 순환혈액으로 스며 나온다는 것이 발견되었다. 이는 이론적으로 볼 때 임신 14~20주의 시기에 어머니의 혈액을 채취하여 알파태아단백질의 농도를 측정함으로써 태아의 뇌나 신경계에 결함이 있는지를 진단할 수 있음을 보여준다. 이 방법으로 무뇌증 태아의 경우에는 90~95퍼센트, 이분척추증의 태아에서는 90퍼센트 가까이 태아기에 발견할 수 있다. 어머니 혈액에서 알파태아단백질의 양이 높게 나타나면 좀 더 정확한 진단을 위해 양수 검사를 시행해야 한다. 이 검사가 출생 전에 당연히 시행해야 할 의례적 검사 중의 하나가 되기 위해서는 좀 더 많은 연구와 기술 개발이 필요하다. 그러나 미국에서만 해도 1년에 이와 같은 결함을 가진 신생아들이 6,000~8,000명에 이른다는 점을 고려할 때 이에 대한 연구는 좀 더 시급히 이루어져야 한다.

태아 내시경 검진

이 기술은 피하 주사바늘 정도 크기의 작은 망원경과 같은 기구를 이용해 직접 태아를 관찰하는 것이다. '태아 내시경'이라는 이름처럼, 국부 마취 후 복부를 통해 이 기구를 자궁에 삽입한다. 이 방식은 아직 개발 단계에 있으나 태아 진단에 큰 혁신을 가져올 것으로 기대된다.

제일 먼저 사용된 기술은 태반에 주사기를 주입해 태아 혈액을 채취하는 것이었다. 최근에는 태아 혈액을 직접 채취함으로써 태아기 용혈성 빈혈이나 지중해 빈혈과 같은 심각한 유전병의 진단이 가능해졌다. 같은 방법으로 태아기에 겸형 적혈구 빈혈증도 진단할 수 있다.

안전성뿐 아니라 기구 사용과 전문 기술의 발전을 위해서는 더 많은 연구가 필요하다. 이러한 노력이 성공한다면 태아기 진단에 분명 혁신이 이루어질 것이다. 예를 들어, 태아 혈액을 채취할 수 있다면 염색체 분석 결과가 나오기까지 3주 이상 걸리던 시간이 3~4일로 단축될 수 있다. 또한 몇 가지 생화학적 이상을 진단하기 위해 거의 6주가 걸리던 것도 태아 혈액을 통해 당일에 결과를 얻을 수 있다. 임신을 중단해야 하는 경우 가능한 한 빨리 사실을 확인해 결정할 수 있다는 점에서, 이

기술은 불안해하는 부부에게 큰 도움이 될 것이다.

태아 내시경 검사의 또 다른 강점은 태아의 외형을 직접 관찰할 수 있다는 점이다. 이를 활용하면 태아기에 구개열, 귀의 결손, 팔다리의 부재나 기형, 척추 이상 등과 같은 심각한 신체적 이상을 진단할 수 있다.

임신의 내부 세계를 탐험한다는 것은 매우 흥미롭고 도전해 볼 만한 일이다. 그러나 태아 내시경은 크기가 매우 작아 한 번에 관찰할 수 있는 태아 부위가 제한적이다. 예를 들어 귀는 한 번에 비교적 잘 관찰할 수 있으나, 얼굴을 보려 할 때는 기구가 딱딱하여 머리 둘레를 제대로 탐색하기가 쉽지 않다.

또 다른 어려움은 양수 속 태아가 움직이기 때문에 기구로 이를 따라가는 것이 매우 어렵다는 점이다. 또한 기구 사용이 많아지고 자궁 내 조작 시간이 길어질수록 태아를 잘못 건드려 유산으로 이어질 가능성도 그만큼 높아진다. 이러한 위험성 때문에 일부 지역에서는 법률로 시행을 금하기도 하는데, 매사추세츠주가 그 예이다.

어머니를 통한 태아 질병의 진단

양수를 채취하지 않고 실제로 어머니를 직접 조사하여 태아의 이상을 진단할 수 있는 몇 가지 경우가 있다. 그중 가장 잘 알려진 것이 Rh 부적합성이다. 또한 어머니의 소변을 검사함으로써 태아의 메틸말론산혈증(Methylmalonic aciduria)을 진단할 수도 있다.

최근에 태아의 혈액세포가 태반을 통해 어머니의 순환 혈액으로 들어간다는 사실이 태아기 진단에 이용된다. 캘리포니아 스탠퍼드대학교의 허젠버그(Herzenberg) 교수가 이끄는 연구팀은 '세포분류기'를 고안해 냈다. 이 장치는 수백만 개에 달하는 어머니의 혈액세포 속에서 극히 적은 수의 태아 혈구세포를 선별해 낼 수 있다. 이러한 기술이 성공적으로 적용된다면, 양수를 채취하지 않고도 여러 태아 이상을 조기에 진단할 수 있음을 의미한다. 그러나 이 흥미로운 기술이 일반적인 태아기 진단 방법으로 사용되기까지는 여전히 극복해야 할 많은 기술적 장애가 남아 있다.

태아기에 유전적 이상을 진단할 수 있다는 것은 지적장애나 기타 치명적인 유전병을 효과적으로 예방하거나 제거할 수 있음을 의미한다. 그러나 아직 태아기에 진단이 불가능한 많은 유전병이 존재하며, 결함을 가진 태아를 임신했을 가능성이 있는 모든 부모는 이러한 한계가 있음을 인식하는 것이 매우 중요하다. 그럼에도 머지않은 장래에는 유전적 위험에 직면했던 많은 부부가 과거에는 가질 수 없었던 건강한 아이를 얻는 축복을 누리게 될 것이다. 이는 산전진단 기술이 얼마나 빠르게 발전하느냐에 달려 있다.

14장

산전진단의
윤리, 도덕, 법률적 문제

최근 생물학과 의학의 발전은 임상적인 질병 치료에도 많은 도움을 주었다. 그러나 이에 따라 사회적·법률적으로 어려운 문제도 많이 발생했다. 대표적인 예로는 신장이나 심장 이식수술을 들 수 있으며, 산전진단과 보인자 탐색과 같은 새로운 유전학적 연구 분야도 가정적으로나 사회적으로 많은 문제를 일으켰다. 또 유전학의 발달로 인한 새로운 혜택을 받아들이는 태도는 각자의 신앙과 도덕 관념, 그 지방의 오랜 전통과 관습에 따라 달라지며, 이로 인해 새로이 시도되는 여러 방법은 많은 반론에 부딪히기도 한다. 의사, 부모, 태아는 물론 이런 분야를 다루는 연구기관과 사회기관에서도 예기치 못한 난관에 봉착하는 경우가 많다.

부모의 입장

어떠한 부모든 정신적으로나 육체적으로 건강한 아기를 갖기를 원한다. 그러나 1960년대 후반까지만 하더라도 태아가 치명적인 불치병에 걸려 있어도 알 수 없었고, 이러한 태아를 유산이라는 최후의 방법으로 미리 막을 수도 없었다. 1973년, 미합중국 연방대법원은 유산에 관한 법을 새로 제정했고, 엄격한 산전진단에 의해 부모가 유산 여부를 결정할 수 있도록 했다.

유산에 대한 사전 서약

부모들은 태아가 선천적 결함이 있는지 없는지 확실히 알지 못하거나, 유산에 대한 도덕적 신념 때문에 유산을 거절하는 경우가 있다. 그러나 양수 검사 등 여러 가지 산전진단을 통해 태아의 기형을 확인하고, 이를 자세히 알려주면 유산에 대한 두려움을 덜어줄 수 있다.

어떤 의료원에서는 태아가 선천적 이상자로 판명될 경우 유산을 하겠다는 사전 서약을 하지 않으면 양수 검사를 시행하지 않는 사례가 있는데 이는 매우 부당하다. 모든 인간은 자신과 장차 태어날 자녀의 건강 상태를 미리 알 기본적 권리를 갖기 때문이다. 또 일부 의료원이 산전진단에 소요되는 시간, 노력, 위험성, 비용 등을 이유로 검사를 꺼리는 경우가 있는데 이것 역시 부당한 일이다.

정상적인 경우라면, 유전적 위험을 걱정하는 사람에게는 어떤 사람이라도 사전 서약 없이 양수 검사를 해주어야 하며 유산 여부는 본인들의 의사에 맡겨야 한다. 대부분의 부모들은 태아에게 심각한 유전적 결함이 확인되면 임신 중절을 고려하지 않을 수 없을 것이다.

유전적 이상이 확인된 태아의 유산 여부

산전진단의 가장 중요한 의의는 유전적 기형아를 가질 염려가 있는 부모의 불안을 덜어주는 데 있다. 이러한 위험성이 있는 사람들의 산전진단 조사 결과는 대략 3퍼센트의 태아가 지적장애나 치명적 유전병 보유자로 나타난다. 따라서 실제로 유산에 이르는 경우는 전체의 3퍼센트에 불과하다. 대부분의 부모들은 산전진단 자체를 두려워하고 불안해하지만, 결과적으로는 건강한 자녀를 얻게 되는 경우가 많다. 사실상 산전진단 덕분에 많은 부모가 건강한 아이를 낳을 수 있었으며 무조건 유산을 시키는 경우가 줄어들었다.

유산을 하지 않고 유전적 이상을 가진 아이를 출산하게 되면 부모는 평생 그 자녀로 인해 큰 어려움을 겪을 수 있으며, 때로는 공공요양소에 맡겨야 하는 상황에 이르기도 한다. 따라서 부모는 유산에 대한 확고한 신념을 가지고 임해야 한다. 우리는 여기서 다시 한번 "아이들은 건전한 정신과 건강한 몸으로 태어나게 해야 한다"는 로드아일랜드주 대법원의 판결문을 상기해 볼 필요가 있다.

분명히 태아에게 유전적 이상이 있다는 사실을 알면서도 유산을 하지 않으면 시각·청각 장애나 심한 지적장애와 같은 기형아를 출산하게 될 가능성이 크다. 이러한 아이들 중 상당수는 대소변을 가리지 못해 부모가 밤낮으로 돌봐야 하며, 그 과정에서 큰 어려움과 고통을 겪게 된다. 도덕적 신념 때문에 유산을 선택하지 못하고 결국 중증 장애 아동을 출산하게 되면 특수 요양소에 맡겨야 하는 상황에 이르기도 하고, 부모는 생지옥과 같은 비참한 생활을 겪게 될 수 있다. 실제로 이러한 불행을 겪는 가정이 적지 않으며, 결국 유산 여부는 부모 자신의 의사에 달려 있다. 선천적 중증 장애 아동을 집에서 돌보느라 극심한 고통과 절망에 빠져 끝내 자포자기에 이르는 부모들도 흔히 볼 수 있다. 또한 일부 요양소에 수용된 아이들은 거의 모두가 어떤 큰 사고를 일으켜 파멸적 결과를 초래하는 경우도 있다.

산전진단을 받지 않아 선천적 장애아를 출산하는 부모의 수가 늘어나서는 안 되며, 국가는 이러한 문제로 고민하는 사람들을 위해 재정적

지원을 제공해야 한다. 장차 부모가 될 사람들은 산전진단을 절대 무시하지 말고 앞으로 닥쳐올 문제를 신중히 고려해야 한다. 앞서 언급했듯이 산전진단은 반드시 받아야 한다고 강제하는 것이 의사의 의무는 아니며, 이는 어디까지나 태아의 부모가 스스로 결정해야 할 문제이다.

아내와 남편의 고민

태아가 선천성 기형아로 판명되었을 때 아내는 유산을 원하지만 남편이 반대하는 곤란한 경우가 발생하기도 한다. 만약에 아내가 근육위축증과 같은 반성 유전병의 보인자라면 태아가 사내일 경우 아내는 임신 중절을 원할 수 있다. 그러나 남편은 아이를 그대로 낳자고 주장한다. 실제로 일리노이주 재판소에서는 아내가 위와 같은 위험성 때문에 임신만 하면 유산을 시키는 데 불만을 품은 남편이, 아내가 임신 중절을 하지 못하도록 법원에 요청했으나 법원은 임신 중절 여부는 어디까지나 아내의 의사에 의해 결정되어야 한다는 부인의 인권을 존중해 주는 입장의 답변을 보냈다. 이는 건전한 정신을 소유한 성인은 자기 몸에 관한 것은 자기가 관리해야 한다는 기본정신에 입각한 것이다.

태아의 성 결정

여러 의료원에서 흔히 겪는 일인데 태아의 산전 성 검사에서 부모들이 원하는 성이 아닐 때 유산을 시키려는 경우가 많다. 특히 동양인에서 이러한 경향이 두드러진다. 그러나 의료원에서는 단순한 가족계획을 목적으로 한 성별 검사는 비용이 많이 들고 검사 과정도 복잡하다 하여 대부분 거절하는 입장을 보이고 있다. 1974년 미국에서는 고령이나 특수한 사정 때문에 태아의 산전 성별 진단을 요청하는 부인들이 약 20만 명에 달했으나, 실제로 성별 검사를 받은 사람은 3,000명에 지나지 않았다. 사실상 가족계획이 아니고 선천성 기형아를 분만할 위험성이 있는 사람에 대해서는 제한을 두지 않고 산전진단을 해주어야 할 것이다. 한국의 경우 남아 선호를 위한 산전 성별 검사가 이루어졌으나, 현재는 법적으로 금지되어 있다.

의사의 입장

선천성 기형아를 출산한 부모들은 의사가 가까운 친척에게도 동일한 유전적 기형아를 가질 염려가 있다는 사실을 알리지 못하도록 하는 경우가 많다. 예를 들어 근육위축증의 경우 어머니의 여자 형제인 이모들 역시 보인자일 확률이 높아 불구아를 낳을 가능성이 크다. 따라서 의사가 해당 가족을 찾아가 이러한 사실을 알리고 만일 임신을 하게 되면 반드시 산전진단을 받도록 권유하는 것이 옳다고 생각한다. 이러한 위험을 막기 위한 의사의 행위가 개인의 비밀을 폭로했다는 이유로 사회적 입장을 곤란하게 만들었다 해서 고발당하는 일은 없어야 할 것이다.

기밀 보존에 관한 의사의 의무조항에도 뇌막염과 같은 접촉성 전염병의 경우 의사는 반드시 타인에게 이를 알릴 의무가 있다. 문명사회에서는 형제는 물론 가까운 친척들에게도 이러한 사실을 알려 무서운 유전병으로부터 자손들을 보호할 수 있도록 정보를 교환해야 한다. 그러나 불행하게도 이미 언급한 바와 같이 부모들은 흔히 공공기관에 수용하거나 집에서 보호하면서도 유전적 이상아들을 숨기려는 경향이 강하다.

여러분이 결혼을 하게 되었을 때 만약 상대 집안 내력으로 보아 유전적 기형아가 태어날 위험성이 있다면 그 여자 측의 의사가 그 집안의 내력을 알려줄 것이라고 생각하는가? 반대로 여러분 집안에 그러한 유전병이 잠재해 있다면 여러분 집안의 의사는 상대편에 알려주리라 생각하는가? 의사들은 도덕적으로나 법적으로 어떻게 하는 것이 옳다고 생각하는가?

태아의 입장

부모가 아기를 가질 권리가 있는가에 대해 논쟁할 수 있을까? 만약 그들이 기형아를 출생할 위험에 직면한다면, 이 권리는 여전히 유효한가? 예를 들어 모친이 페닐케톤뇨증(Phenylketonuria)이라는 유전병을 앓고 있는 경우, 그녀는 100퍼센트 정신적으로 저능하거나 심한 출산 장애를 가진 자녀를 낳게 된다. 이러한 경우 부모는 기형아를 낳아서는 안 된다고 주장하는 사람들이 있다.

그러나 사회가 전체 국민의 이익을 위해 행동할 권리를 가질 수 있는가? 더 나아가 부모가 유전적으로 기형아를 출산할 가능성이 있을 때, 사회가 판결을 내리거나 법률을 제정할 책임이 있는가? 사회가 자녀의 수나(현재 인도에서 행해지고 있음) 특정한 피부색을 가진 자손의 수를 제한할 권리를 가질 수 있는가? 종교적 또는 극히 추상적인 이유로 인해 어떤 집단이 기형아의 출산을 금지하지 못하도록 할 권리를 주장할 수 있는가?

태아는 여성의 신체 일부가 아니라 독립된 존재이므로, 여성이 신의 심판을 수행하는 것이라고 논의될 수 있는가? 만약 태아가 동일한 권리를 지닌 생명체로 여겨진다면, 모든 태아는 육체적으로나 정신적으로 완전한 상태로 태어날 권리를 가져야 하는 것이 아닌가? 태아가 사회적으로 권리를 가진다면 임신 기간 중 어떤 시점에서 그러한 권리를 획득하게 되는가? 위에서 제기된 문제들은 모두 부모들의 권리와 태아에 관한 논의를 망라한 것이다.

태아의 법적 지위에 관한 모든 견해에는 두 가지 중요한 문제점이 내포되어 있다. 첫째, 태아는 법률에 따르면 인간으로 규정되지 않는다. 둘째, 생명의 시작 시점에 관한 법적 규정이 일률적이지 않다. 일부 종교는 수태가 곧 생명의 시작이라고 믿는다. 이에 따라 생명의 시작을 세부적으로 규명하려는 노력이 이어져 왔으며, 의학계는 생존력(Viability), 즉 자궁의 외부에서 살아갈 수 있는 능력이라는 개념을 내세웠다. 과거에는 수정 후 약 28주가 되어야 태아가 모체 밖에서 생존할 수 있다고 여겨졌으나, 기술의 급속한 발전으로 생존력의 시점이 24~28주 사이로 다소 낮아졌다. 태아가 법적 권리를 갖는다는 것은 이미 상당히 명확해졌으며, 태아는 특별한 권리를 가지며 생을 영유할 수 있다고 결론 내려졌다.

어떤 외국 법원은 수정이 이루어진 순간부터 태아가 법적 권리를 가진다고 판결했으며, 이는 태어난 아기가 단 한순간만 생존하더라도 태어날 권리가 있음을 명시한 것이다. 실제로 아버지가 사망한 시점에 어머니의 자궁에 있던 태아가 아버지 사망에 책임이 있는 사람을 상대로 법적 소송을 제기한 사례도 있었다. 다른 법원은 태아가 '생존 기간'에 있었을 때에만 부모에게 발생한 상해와 관련해 그러한 생존 권리를 인정했다.

태아가 상해를 입으면 자연 유산, 자궁 내 사망, 출생 후 곧 사망, 또는 상해를 입은 상태나 기형으로 출생하는 결과를 초래할 수 있다. 미국 법원은 출생 후 곧 죽은 태아는 제외하고 사산이나 미숙아에 대해서만 금전적 지원을 인정하는 모순된 판결을 내렸다. 생존력 개념에 무지했던 일부 법원은 임신 초기 발생한 상해에 대해서도 배상하도록 했다.

더욱 심각하고 어려운 문제는 이른바 '불법 생존 행위'라고 불리는 일로 인해 발생한 법적 소송이다. 대표적인 사례로 뉴저지주 대법원 판결을 들 수 있다. 의사들이 임신부에게 태아가 선천적인 결함을 가지고 있음을 통보해 주지 않아 유산의 기회를 잃었다는 사실을 근거로 하여 그 부모와 아이가 주치의를 상대로 불법의료행위 소송을 제기했다. 실제로 아이는 시각, 청각, 언어에 심한 결함을 지닌 상태로 태어났다. 법원은 의사들이 현실을 고려해 그런 아이들의 출생을 막아야만 하는지 아니면 차라리 심각한 결함을 가진 채로 살아가는 것이 살지 못하는 것보다 낫다고 보아야 하는지를 설명해야 했다. 결국 문제의 핵심은 '불법 생존'에 대한 판단이었다. 뉴저지주 대법원은 법률상 아이의 탄생, 심지어 결함 있는 출생조차도 손해로 인정되지 않는다는 이유로 소송을 기각했다.

또 다른 사례로, 국립요양소에 수용 중이던 지적장애 여성이 다른 피수용자에게 성폭행을 당해 임신하게 된 사건이 있다. 이후 태어난 아이는 어머니의 임신을 방관한 정부를 상대로 배상을 요구했다. 법원은 사회적 책임을 근거로 정부가 배상해야 한다고 판결했다.

법원은 태아의 법적 권리에 대해 이미 여러 판례를 통해 입장을 밝혔지만, 사회는 입법자를 통해 법률 제정을 둘러싼 논쟁을 이어가고 있다. 그럼에도 불구하고 사회와 법원 모두 산전진단의 최근 발전에 힘입어 이러한 심각한 정신적, 윤리적 딜레마를 훌륭히 해결할 수 있을 것으로 보인다.

다시 그리고 또다시 질문이 제기된다. "언제" 태아가 한 개체로 존재하게 되는가? 수정하는 순간인가? 또는 수정된 난자가 자궁벽에 착상할 때인가? 태아가 자궁의 외부에서 독자적으로 존재하여 생존할 수 있을 때인가? 수정이 곧 생명의 시작이라고 믿는 사람들과 삶의 본질을 존엄성과 인간성 등으로 해석하는 사람들의 관념을 조화시키는 일은 언제나 불가능한 것으로 여겨지는 반면에, 사람들이 종교적 또는 다른 이유에서 비롯된 생각들을 강요하지 않고 각자가 자신의 믿음을 추구한다면 공평할 것으로 보인다.

인간은 산전진단과 같은 좋은 방법이 가능하다면 항상 그것을 실행하려 든다. 그러나 우리에게는 이익이자 권리로 여겨지는 일이 어떤 사람에게는 정신적·윤리적으로 잘못된 것일 수도 있다. 그렇다면 우리의 인도주의적 관념을 반영한 지침을 확립할 수 있을까? 유명한 윤리학자 플레처(Fletcher) 교수는 다음과 같이 말한다.

"만약 인간의 권리가 인간의 요구와 상반된다면 요구가 우선할 것이며, 권리란 단지 어떠한 요구가 가지는 사회성에 의해 이루어지는 형식적인 승인이다. 상황이 변하면 요구도 변하게 되고, 따라서 권리도 역시 변화하게 된다."

사회의 입장

전체적으로 볼 때 어떤 일이 개인에게는 유익할지라도 사회 전반에 반드시 유익한 것은 아닐 수 있다. 개인의 요구와 사회 목표 사이의 이익 균형은 항상 마찰을 빚어 왔다. 산전진단을 통한 유전병 퇴치는 급속히 변화하는 문화를 기반으로 해서 비교적 서서히 진전되어 왔다. 여전히 일부 국가에서는 기근, 질병, 자연재해, 전쟁이 만연하고 있다. 그렇지 않은 나라에서도 인구 증가, 여권 신장, 합법적 또는 불법적인 낙태 문제, 늘어나는 사생아들, 불치의 뇌 손상을 입거나 소생 가망이 없는 환자에 대한 안락사의 여부, 장기 병원 요양으로 인한 엄청난 비용 등의 많은 문제를 안고 있다.

역사적으로 서구 사회는 국민 복지를 위한 공중보건에 최선을 다해 왔다. 미국의 경우 각 주에서는 다양한 필수 요건을 제시하고 있는데, 주로 천연두, 홍역, 포충증, 소아마비에 대한 백신 및 면역을 요구한다.

일부 주에서는 성병 검사를 의무화하거나, 심지어 성병, 결핵, 유아의 안구 감염에 대한 치료를 요구하기도 한다. 어떤 주는 금치산자의 격리까지 검토하고 있으며, 대다수의 주에서는 사촌 이하의 근친결혼을 금지하고 있다. 수용된 금치산자에 대한 단종(斷種)에 합법성을 부여한 법안도 많이 있는 상태이다. 일부 주에서는 심지어 극형을 언도받은 죄인이나 성폭행범에 대해서까지 단종을 허용하고 있다.

각 주에는 유전병 보인자 선별과 관련한 문제를 다루는 법령이 존재한다. 그러나 이러한 시도 중 일부는 너무 이른 감이 있다. 젊은이가 결혼할 때 유전병 보인자인지를 검사한 진단서를 첨부하자는 주장도 있는데 이런 발상은 열성 유전병의 출현을 막아보려는 것이다.

현재 결혼에 요구되는 검사로는 성병의 일종인 매독뿐이다. 널리 알려진 선별 프로그램들은 특히 악성빈혈의 경우 많은 문제점이 있다. 개인의 유전적 결함에 대한 것은 비밀로 보장되어야 한다. 이 프로그램의 가치와 활용성은 철저한 비밀 유지가 보장될 때 확보된다. 그러나 지금까지 비밀이 지켜지지 못한 사례가 적지 않았다. 이러한 사생활 침해는 보인자 개인에게 특별한 의미를 지닌다. 예를 들어, 생명보험회사가 해당 정보를 알게 될 경우 보험 가입을 거절하거나 최소한 보험료를 인상할 수 있다. 특정 질병의 보인자들은 실제로 더 큰 위험에 처해 있는 것은 아니지만, 때로는 그렇지 않은 예외가 존재한다. 이 때문에 많은 질병 보인자들이 궁극적으로는 삶에 대한 기대를 잃어버리는 잘못된 판단을 내릴 수 있다.

산전진단의 이점과 비용

유전병의 치료법이 아직 실질적으로 유용하지 않고 낙태 수술만이 유일한 선택지라면, 예방 계획의 이점을 논하는 것은 허망하게 느껴질 수 있다. 그러나 이미 과중한 세금을 부담하는 납세자들은 예방이 가능하다면 그 방법을 계속 추구해야 한다고 생각한다. 실제로 미국 정부 기관이 다운증후군 아동을 위해 투입하는 비용은 1인당 연간 최소 25만 달러에 이르는 것으로 알려져 있다.

이분척추증을 앓는 어린이를 돌보기 위해서는 10만 달러에서 25만 달러의 비용이 필요하다. 여기에는 납세자가 당연히 관계되어 있다. 미국에서는 매년 2만 명의 염색체 이상 아동과 약 8,000명의 소뇌증 또는 이분척추증 아동이 태어난다. 이들을 제도적으로 돌보는 데 드는 비용은 1인당 연간 약 6,000달러이다. 따라서 사회 전체가 두 가지 유형의 선천적 결함 아동을 위해 매년 20억 달러가 넘는 비용을 부담하고 있는 셈이다. 사회가 부담하는 비용은 10년이 지나면 40억 달러에 이를 것으로 예상된다. 따라서 우리는 좋든 싫든 간에 이런 기술들이 돌이킬 수 없는 지적장애나 치명적 혹은 심각한 유전병에 적용하는 기술이라는 것을 기억한다면, 산전진단의 경제적인 측면을 심각하게 고려하지 않을 수 없다. 양수 검사와 산전진단 연구에 드는 비용뿐만 아니라 임의의 낙태 수술에 드는 비용을 고려해 보면 전체적으로 예방에 드는 비용을 추측할 수 있을 것이다. 미국에서만 35세 이상의 여성을 생각해 볼 때 이런 여성들의 검사에 필요한 비용은 6,300만 달러에 불과하다. 현재

35세 이상의 여성은 가임 여성 인구의 약 5퍼센트만을 차지하는 반면에 다운증후군 아동의 약 25퍼센트를 출산한다. 35세 이상의 고령 산모에게서 태어난 결함아의 생명을 연장하기 위해 사회는 매년 20억 달러를 지출한다. 그러나 이 비용은 산전진단과 자율적 낙태 수술을 통해 예방하는 데 드는 비용의 약 32배에 달한다.

산전진단의 법률적 고찰

1970년대 중반까지 미국의 산전진단 연구는 아주 빈약했다. 효율적인 프로그램을 운영하기 위해서는 궁극적으로 법적 뒷받침이 필요했다. 여기서 핵심 문제는 자발적 산전진단과 강제적인 산전진단이 구별되어야 하고, 결함 있는 태아의 자발적 낙태와 강제적 낙태가 구별되어야 한다는 것이다. 당시에는 결함 있는 태아의 자발적 낙태를 유도하는 양수 검사 프로그램이 가장 적절한 방법으로 평가되었다.

반면에 이유와 관계없이 낙태 과정이 종교나 기타 집단들로부터 상당한 비판을 받을 수 있었다. 더욱이 양수 검사를 강제화하는 프로그램은 결함 있는 태아의 낙태를 고수하는 것과 동등할 것이다. 실제로 미국의 최소 12개 주에서는 강제적 불임 시술을 허용하는 법규가 시행되고 있으므로, 현대 사회에는 결함 있는 자손을 잉태할 수 있는 가능성을 방지하는 장치가 이미 성립되어 있는 셈이다. 그러나 우리가 강제적인 양수 검사와 강제적인 낙태 수술을 겨냥하는 법규를 만드는 것은 출산의 자유를 제한하고, 이런 권리를 이유 없이 금지한다는 측면에서 보면 실패한 것과 다름없다.

입법자와 정부는 이런 상황이 발생한 원인을 교육을 통해 알리고, 유전병 예방을 목표로 적절한 기금을 조성하는 데 힘쓰는 것이 가장 현명하다. 사회가 산전진단과 관련한 법률을 제정하는 것보다는 발생학적 기술의 개발을 적극 지원하고, 이 기술이 필요한 이들이 손쉽게 활용할 수 있도록 돕는 편이 더 바람직하다. 어떠한 입법도 비차별적이고 비강제적이어야 하며, 개인의 권리와 표현의 자유를 존중하는 방향으로 이루어져야 한다. 동시에 우리 각자는 "이런 비극을 매일 목격하지만, 결코 그렇게 되어서는 안 된다"는 인식을 바탕으로 현명한 판단을 내려야 한다.

15장

유전병의 치료

유전병은 과연 치료될 수 있을까? 현재까지 유전병을 완전히 고칠 수는 없다. 다만 지금으로서는 유전병을 어떻게 다룰 것인가가 중요한 과제이다. 현재 유전병 치료의 목적은 유전결함이 질환으로 발현되는 것을 막거나 그 증상을 극소화하는 데 있다. 유전병의 치료법으로는 식이요법이나 결핍된 효소 또는 호르몬을 직접 공급해 주는 전통적인 방법이 널리 사용되어 왔다. 근래에는 골수이식과 같은 방법도 개발되었다. 최근 이 분야의 연구는 급속히 발전하여 많은 생명을 구했을 뿐 아니라 위험한 상황을 미리 예측해 발병을 예방할 수 있게 되었다. 따라서 유전결함을 지닌 많은 사람들이 정상적인 생활을 할 수 있게 되었다. 또한 최근에는 유전공학 기술의 발달로 유전자 치료법도 개발되고 있으며, 그 실현의 가능성도 점차 높아지고 있다.

식이 요법

유전병 중에 어떠한 것들은 음식물 섭취를 조절함으로써 유해한 대사산물이 축적되는 것을 막아 유전적 결함을 보정할 수 있다. 간단한 예로 많은 흑인은 태어날 때부터 장내 효소 중 하나인 락타아제가 결핍되어 있어 우유나 유제품을 섭취하면 설사를 하게 된다. 이 경우 우유가 포함된 식품을 피하는 것만으로도 불편함을 방지할 수 있다.

이와 같은 단순한 질환은 생명에는 큰 지장을 주지 않지만, 경우에 따라서는 유전적 결함으로 인해 제대로 분해되지 못한 대사산물이 체내에 축적되어 독성을 일으키고, 그 결과 지적장애가 발생하거나 심지어 생명을 잃게 경우도 있다. 이러한 유전병의 경우에도 잘 계획된 식이요법으로 치료가 가능하다. 예일대학교 Hsia 교수는 이러한 식이요법을 몇 가지로 분류했다.

증대식

이 방법은 유전적 결함으로 인해 대사에 이상이 생길 경우 특정 물질을 충분히 섭취함으로써 발병을 억제하는 것이다. 겸형 적혈구 빈혈증은 수분이 부족할 때 헤모글로빈이 낫 모양으로 변해 산소를 제대로 운반하지 못하게 되는데, 물을 충분히 섭취하면 증상을 완화할 수 있다. 또한 유전적 요인으로 신장결석이 발생하는 경우에도 수분 섭취가 도움이 되며, 알칼리성 식품을 섭취하면 신장이나 방광에 결석이 생기는 것을 방지할 수 있다. 어떤 유전병에서는 혈당이 낮아지는 상태인 저혈당증(Hypoglycemia)이 나타나기도 하는데, 이때는 설탕이 많이 첨가된 음식물을 섭취함으로써 발병을 억제할 수 있다.

일부 유전병은 보다 복잡한 식이요법을 필요로 한다. 탄수화물 대사에 이상이 생기면 포도당이나 갈락토오스가 체내에서 독성을 나타내 유당혈증을 일으킬 수 있다. 이러한 유전적 결함을 지닌 신생아는 유당으로 인해 뇌 손상, 간경화, 백내장 등을 일으켜 치사의 원인이 되기도 한다. 이러한 문제는 출생 직후의 식이요법으로 조절이 가능하며, 더 나아가 태아 상태에서부터 산모의 식이요법을 통해 충분히 예방할 수 있다.

유전으로 인해 심장 및 순환계 질환을 지닌 사람은 달걀노른자나 동물의 지방조직을 피해 콜레스테롤 섭취를 줄이는 것이 중요하다. 드물게 엽록소와 관련된 화학물질이 신경 손상이나 실명을 일으키는 경우도 있는데, 이때는 녹색 채소나 과일을 피함으로써 증상을 완화할 수 있다.

제한식과 대용식

필수적인 식품이 유전병 환자에게 유해한 경우, 실로 문제가 아닐 수 없다. 이러한 필수식품의 섭취 부족은 심각한 영양실조와 발육 부진을 초래할 수 있으며, 심한 경우 사망에 이르기도 한다. 따라서 합성물질을 이용한 대체식품이 필요하다. 페닐케톤뇨증(Phenylketonuria)이 그 대표적 사례이다. 이 질환의 경우 신생아 시기에 제한식을 적용하면 지능발달 장애, 습진, 발작 및 기타 합병증 없이 정상적인 성장이 가능하다.

여기서 제한해야 할 것은 바로 페닐알라닌(Phenylalanine)이라는 필수아미노산으로, 모든 양질의 단백질에 존재하며 신체의 모든 단백질을 만드는 데 필요하다. 이 아미노산에 대한 세심한 제한과 빈번한 검사, 합성단백질 대용식을 통해 아동 환자를 성공적으로 치료할 수 있다. 그러나 이는 전문 의료기관에서의 정교한 관리가 필요하다. 의사의 지속적인 관찰과 반복적인 혈액 검사, 아동을 둘러싼 세심한 배려가 요구된다. 그러나 이러한 식이요법을 주의 깊게 지키지 않으면 거의 모든 유전병 아동은 심각한 뇌 손상을 입어 교육이 불가능해진다. 페닐케톤뇨증 환자가 성장해 결혼 후 자녀를 갖고자 원하면 관리의 중요성은 더욱 커진다. 식이요법을 꾸준히 해 나간다면 그들도 결혼하고 자녀를 가질 수 있다.

과거의 사례를 보면, 실제로 그러한 환자의 자녀들은 100퍼센트 심각한 장애를 지녔다. 임신 중에 제한 식이를 철저히 시행한다면, 모체의 혈액 내 유독한 페닐알라닌의 대사산물이 태아의 뇌를 손상시키지 않을 것이라고 기대할 수 있다. 그러나 일단 손상을 입게 되면 돌이킬 수 없다. 체내 구리 대사 기능의 결함으로 뇌와 간에 구리가 비정상적으로 축적되는 윌슨병은 제한 식이로 치료할 수 있는 질병의 또 다른 예이다. 체리, 초콜릿, 쇠고기 등 구리 함량이 높은 모든 식품의 섭취를 완전히 금지해야 하며 또한 체내 구리 성분을 제거해 주는 약물을 투여받아야 한다.

보충식

특이한 보충식으로 생명을 구할 수 있다. 특정 아미노산이나 단백질의 보충이 꼭 필요한 여러 종류의 생화학적 질환들이 있다. 예를 들어 요붕증(Diabetes Insipidus)은 성염색체와 연관된 질환으로 남성에게만 나타나는데, 신장이 소변을 농축하지 못해서 발생한다. 이것은 혈당 당뇨와는 다른 종류의 당뇨병으로 이 환자는 너무 많은 양의 오줌을 배출하게 되어, 탈수 현상으로 결국은 죽게 되므로 수분의 보충으로 일시적으로나마 생명을 연장할 수 있다. 신장이 소변을 농축하지 못하는 요인은 뇌하수체 호르몬의 결핍 때문이므로 결핍된 호르몬을 공급해 줌으로써 그 치료가 가능하다. 의학적인 연구로 이 호르몬을 분말 형태로 얻을 수 있게 되었고 환자는 이것을 코로 들이킬 수 있다. 흡입된 분말은 코에서 혈액으로 흡수된 다음 신장까지 전달되어 신장이 소변을 농축할 수 있게 한다.

식이요법에서 비타민은 매우 중요한 역할을 한다. 낭포성 섬유증과 같은 질환은 지방이 적절히 흡수되지 않아 생기며, 그 결과 지용성 비타민인 A, D, E, K가 흡수되지 못한다. 비타민 K의 결핍은 과다한 출혈과 타박상이 나타난다. 몇몇 경우의 복잡한 생화학적 질환에서는 비타민 보충이 체내 화학작용을 보상하게 해서 기본적인 문제를 극복하도록 돕는다. 비타민은 신진대사 작용에 필수적이어서 엄청난 양이 필요한 경우도 있다.

메틸말론산혈증(Methylmalonic aciduria)이라는 생화학적 질환을 가진 태아의 경우 모체에 엄청난 양의 비타민 B를 투여해 치료에 성공한 사례가 있다. 이는 우리가 찾고 있는 이상적인 경우로, 태아가 아직 자궁에 있을 때 안전하게 치료함으로써 유산을 막을 수 있다. 유산을 피하고, 원하는 아이들이 정상적이고 건강하게 태어나도록 하기 위해서는 많은 노력이 필요함을 기억해야 한다.

백인 아동의 유전적 치사 요인 중 가장 흔한 질환인 낭포성 섬유증의 경우에는 단순한 비타민 보충만으로는 충분하지 않다. 이 질환은 소화에 필요한 췌장 효소가 분비되지 않기 때문에, 환자에게 추출한 췌장효소를 경구 투여하면 완전한 치료는 되지 않더라도 정상인에 가까운 수준으로 회복시킬 수 있다.

약물 요법

유전병의 증상을 완화하기 위해 약물을 사용하는 경우가 있다. 예를 들어, 선천적으로 갑상선 기능이 매우 약한 경우에는 신생아 시기부터 갑상선 호르몬을 꾸준히 공급함으로써 지적장애를 예방할 수 있다. 비슷하게, 부신에서 코르티손(cortisone)을 제대로 생산하지 못해 신생아가 사망에 이를 수 있는 경우에도, 출생 직후부터 결핍된 호르몬을 지속적으로 보충하면 문제를 해결할 수 있다.

팔다리에 나타나는 통증 중 일부 유형은 유전병에 속하는데, 이는 약물 요법으로 요산 형성을 억제함으로써 격심한 통증을 완화할 수 있다. 또한 윌슨병의 경우에는 페니실린 계열 약물인 페니실라민을 투여하여 체내 여분의 구리를 소변으로 배출하는 방법이 사용된다. 혈중 콜레스테롤 수치가 높은 경우에는 니코틴산이나 아트로미드[Atromid-S(clofibrate)]와 같은 약물을 사용해 콜레스테롤 생성을 감소시킬 수 있다. 이 밖에도 염색체가 한두 개 과잉되거나 결여되어 발생하는 질환에서도 약물 요법이 효과를 보이는 경우가 있다.

내부 환경의 변경법

이 방법 또한 극복적으로 유전병을 치료하지 못하는 대응법이지만, 신체의 화학적 환경을 변화시킴으로써 생명을 구할 수도 있고 병의 상태를 급격히 호전시킬 수도 있다. 아주 최근에는 피부와 창자를 파괴하는 치명적인 장병성 말단피부염(Acrodermatitis Enteropathica)이라는 긴 이

름의 병에 상당히 효과적인 새 치료법이 발견되었다. 1972년 이전까지만 해도, 양쪽 부모로부터 동등하게 유전되는 이 병에 걸린 아이들은 대부분 사망했다. 영국의 모이너핸(Moynahan) 박사는 아연을 구강 투여함으로써 창자와 피부의 이상을 치료할 수 있음을 밝혀냈다. 그 결과, 과거에는 치명적이었던 유전병이 정상 수명을 가능하게 힐 정도로 관리될 수 있게 되었다. 다만 이것은 근본적인 치료가 아닌 미봉책에 불과하다.

효소 교체 요법

혈우병 환자는 혈액 응고 인자인 제8인자가 결핍되어 있어, 작은 상처나 발치, 단순한 충돌이나 열상만으로도 출혈이 멈추지 않고 지속된다. 이 제8인자는 혈액의 혈장에서 추출해 농축한 뒤 치료제로 사용할 수 있다. 비록 이 약이 혈우병을 근본적으로 치료하는 것은 아니지만, 매우 뛰어난 치료 효과를 보인다.

　문제는 비용이다. 환자 1인당 연간 치료비가 약 1만 2,000달러에 달한다. 더욱이 이 제제(製劑)의 생산에는 막대한 양의 혈액이 필요하다. 그러나 사람의 혈액 공급은 제한적이며, 다른 의학 분야에서도 수요가 많기 때문에 혈액 응고 인자를 합성하는 방법에 대한 집중적인 연구와 투자가 절실하다.

　많은 유전병의 치료에는 단백질의 교체가 중요하다. 드물게는 외부 침입으로부터 몸을 보호하는 감마글로불린이라 불리는 단백질을 유전적으로 만들어 내지 못하는 아동도 있다. 그런 아이는 계속적으로 감마

글로불린을 투여받아야 생명을 유지할 수 있다. 많은 유전병이 효소의 결핍으로 유발된다.

몸의 정상적 기능을 유지하기 위해서는 여러 경로가 막히지 않아야 한다. 음식물 속에 들어 있는 A물질은 특정 효소 H에 의해 B물질로 분해되고, 이어서 B물질은 효소 M에 의해 C물질로 전환된다. 만약 M 효소가 결핍되면, B물질은 C물질로 바뀌지 못하고 계속 과도하게 축적된다. 이렇게 축적된 물질은 간, 뇌, 눈, 또는 심장에 저장되어 그곳에서 천천히 또는 급격히 생명을 위협하는 심각한 기능 장애를 일으킬 수 있다. 가장 최근의 흥미진진한 시도 중 하나는 결핍된 효소를 몸에 투여하는 것이다. 따라서 효소 M을 구강이나 혈관을 통해 투여하면 B물질이 C물질로 전환되도록 촉진해 정상적인 기능을 회복시킬 수 있다. 그러나 이러한 방법은 말처럼 간단하지 않으며 실제로는 여러 문제점이 뒤따른다.

이를 해결하기 위해서는 충분한 연구기금이 조성되어 계속적인 재정적 뒷받침이 이루어져야 한다. 문제 해결을 위해서는 특정 효소를 분리해 얻어내는 기술이 더욱 발전해야 한다. 또한 이렇게 얻은 효소는 활성이 유지되고, 안정적이며, 오염되지 않아야 하며, 나아가 인체에서 면역학적 거부 반응을 일으키지 않아야 한다. 효소를 얻어서 분리되면 그다음에는 체내로 투여하는 방법이 개발되어야 한다. 가장 적절한 투여 경로는 구강 투여지만, 위산에 의해 효소가 쉽게 비활성화되기 때문에 대부분의 효소는 무용지물이다. 또한 결핍된 특정 효소를 혈류에 투여한다 하더라도 그다음 문제는 그 효소가 독성 물질이 쌓여 있는 조직에 들어가서 작용해야 한다는 점이다. 만약 그 기관이 뇌라면 특정 효소는 혈관으로부터 실제 장애가 일어나는 뇌 속으로 쉽게 통과해 들어갈 수 없다. 이 점이 가장 중요한 난제이지만, 만약 이 문제가 해결된다면 우리 모두가 추구하는 새로운 치료법이 가능해질 것이다. 즉, 태반 속에서 유전병을 진단하고 자궁 내에서 치료를 시작하는 것이다.

수술 요법

머리가 크게 발달하는 수두증(hydrocephalus)은 두개골 내의 압력을 감소시킴으로써 뇌 손상을 예방할 수 있다. 복부의 중요한 정맥을 특별히 다시 배열하거나 분리하면, 몇몇 다른 종류 유전병에서도 생명을 구할 수 있다. 얼굴, 귀, 손, 발 등의 유전적 이상은 성형 수술로 치료할 수 있다. 한쪽 귀나 양쪽 귀 모두가 없는 결함이 부모로부터 자식대로 그 절반이 전달될 수 있다. 이런 경우에 성형 수술로 없는 귀를 다시 재생시킬 수 있다.

기관이식 요법

유전병에서 단 하나의 기관만이 잘못되는 경우는 드물다. 그러나 특정 기관이 심각하게 손상되었을 때는 그것을 제거하고 다른 기관으로 대체할 수 있다. 예를 들어 신장 이식은 제 기능을 상실한 콩팥을 제거하고 새로운 콩팥을 이식함으로써 환자가 좀 더 정상적이고 연장된 수명을 누리도록 한다.

기관 이식을 통한 유전병 치료는 해당 기관의 생리적 이상을 교정하는 데 목적이 있다. 그러나 이식 후 발생하는 거부 반응 등 해결해야 할 과제가 여전히 많다. 그럼에도 다양한 임상 시도와 거부 반응의 사전 탐지를 통한 관리가 이루어지면서 이 방법에 의한 치료의 전망은 점차 밝아지고 있다.

골수 이식 요법

최근에 유전적인 혈액병이나 대사질환을 치료하기 위해 골수 이식법이 시도되고 있다. 이는 환자의 간세포(stem cell)를 포함하는 골수를 제거한 후 건강한 형제의 골수로 대치하는 것이다. 아직 초기 단계이기 때문에 성공률은 높지 않다. 이식 과정에서 거부 반응이 일어나면 급성 발열, 피부 발진, 설사 등이 나타날 수 있지만, 어린 환자에게 시술할 경우 성공률이 높아지는 것으로 알려져 있다. 지금까지 지중해 빈혈증 환자에게서 일부 성공 사례가 있었으며, 다른 대사 질환에서도 시도되고 있다. 또한 림프구가 모여 종양이 생기는 육아종이나 혈소판 이상에도 성공 가능성이 있는 것으로 보인다. 아울러 공급자의 림프구를 제거함으로써 거부 반응을 극복하려는 시도도 진행되고 있다. 그러나 지중해 빈혈 치료에서 골수 이식을 적용하는 데에는 문제가 있다. 이 환자들은 보통 10~20년은 정상적으로 살 수 있는데 중증의 거부 반응을 일으킬 수 있는 치료법의 시도는 불합리할 경우가 있기 때문이다. 그러나 만성 육아종처럼 불구를 일으키는 병에는 이 방법이 적절한 치료법이 될 수 있다.

유전자 치료법

유전자 치료법은 결함이 있는 유전자를 정상적인 유전자로 교체하거나 교정한다는 단순한 원리에서 시작된다. 유전공학기술의 발달로 현재는 한 세포에서 유전자를 분리해 다른 숙주세포 안으로 도입하는 방법이 거의 일상적으로 활용되고 있다. 또한 몇몇 유전병에 대해서는 직접적 원인이 되는 결함 있는 유전자가 밝혀지면서 진단과 치료법 개발에 큰 진전을 보였다. 유전자 치료법은 원리는 단순해 보이지만 실제 적용 과정에서는 해결해야 할 관문들이 많다. 유전자 치료법을 실현하고자 할 때의 문제점, 실제 사용될 수 있는 기술, 그리고 앞으로의 전망에 대해 살펴보고자 한다.

문제점

1980년 앤더슨(Anderson)과 플레처(Fletcher)는 유전자 치료법을 성공적으로 수행하기 위해서는 다음 세 가지 조건이 충족되어야 한다고 제시했다. 첫째, 새로운 유전자는 알맞은 대상 세포에 삽입된 후 그 세포에서 안정적으로 유지되어야 한다. 하지만 대상 세포를 분리하고 규명하는 일은 아래에서 보듯이 결코 쉬운 과제가 아니다. 둘째, 숙주세포 안에서 삽입된 유전자에 변화가 생기면 안 된다. 특히 유전자 전이에 많이 쓰이는 플라스미드 중에는 자기들끼리 재조합이나 결손을 일으켜, 숙주 내에서 변이유전자의 복제를 유발할 가능성이 있다. 셋째, 새로 도입된 유전자가 숙주에 해를 끼쳐서는 안 된다. 특히 정상적인 세포 활동을 방해해서는 안 되며, 이 문제를 실제로 해결할 수 있는지에 대해서는 아직 명확히 밝혀지지 않았다.

앞서 제기한 문제점을 좀 더 구체적으로 파악하기 위해 대표적인 유전병의 하나인 β 지중해 빈혈을 예로 들어보자. 이 경우에 결함이 있는 β 글로빈 유전자를 정상적인 것으로 교체하는 유전자 치료법을 생각해 볼 수 있다. 우선 새로운 β 글로빈 유전자를 도입시킬 대상 세포가 어느 것인가를 결정해야 한다. 물론 분화 이전 단계에 있는 조혈간세포(Haemopoietic stem cell)에 도입하는 것이 적절할 것이다. 하지만 골수세포 안에는 간세포가 1,000에서 10,000개당 하나 정도의 비율로만 존재하기 때문에 간세포만을 분리해 내기는 어렵다. 따라서 현재 동물세포의 형질전환에 많이 사용되는 칼슘 침전법을 사용했을 경우 한 개의 간세포에 β 글로빈 유전자를 도입하려면 10^9개의 골수세포를 형질전환해야 한다는 계산이 나온다. 이처럼 조혈간세포는 충분히 분리해내기 어렵고, 불행히도 레트로바이러스(retrovirus)와 같은 벡터를 이용하더라도 형질전환이 잘 안 된다는 문제점이 있다.

그다음 단계의 문제점은 새로운 β 글로빈 유전자를 지닌 간세포가 다른 세포들에 비해 잘 성장해야 한다는 점이다. 그 원인은 밝혀지지 않았지만, 애써 형질전환시킨 간세포에서 유전자 발현이 한두 주일간 이루어지다가 중단되는 현상이 일어난다. 예일대학교 로젠버그(Rosenberg) 박사는 간세포를 성장시키는 인자를 발견하는 것이 우선 해결되어야 한다고 했는데 그러기 전에는 간세포를 이용하는 방법은 계속 어려운 숙제로 남아 있게 된다.

　다음 단계로는 새로운 유전자가 숙주세포 내에서 제대로 기능을 발휘하려면 발현 및 분화의 조절이 정상적인 유전자와 같아야 하는데, 불행히도 조혈간세포가 어떤 분화 단계를 거쳐 적혈구, 백혈구, 혈소판으로 발달하는지에 대해서는 아직 알려진 바가 많지 않다. 정상적인 β 글로빈은 적혈구에서만 생산되는데 만일 백혈구나 혈소판에서 글로빈이 생산되면 어떠한 효과가 나타날까에 대해서도 아무도 예측할 수 없는 상황이다. 마지막으로 β 글로빈 및 다른 유전자들의 조절이 각각의 유전자에만 제한되어 있지 않고 어떠한 유전자 복합체를 요구할 경우에는 복합체 상태로 숙주세포에 도입시켜야 하는데 특히 그 복합체의 크기가 클 때는 교체 대상 외의 유전자들의 복제라는 문제를 일으킬 수 있다. 위의 여러 문제점을 해결하기 위해서는 현재로서는 실험연구 결과가 충분치 않으며, 특히 인체 골수세포의 장기 배양 등과 같은 실험연구가 절대적으로 필요하다.

유전자 도입 기술

동물세포에 유전자를 도입하는 기술 중 가장 먼저 개발된 것은 칼슘 침전법인데, 이 방법으로 도입된 유전자가 염색체에 안정하게 삽입되어 발현되는 확률은 10^5개의 세포당 하나이다. 따라서 형질전환된 세포만을 선택적으로 배양할 수 있는 방법이 반드시 필요하다. 흔히 쓰이는 방법으로는 티미딘키나아제(Thymidine kinase)를 생산하지 못하는 숙주

세포(TK⁻)를 사용하는 것이다. 도입하고자 하는 유전자를 TK 유전자와 융합해 형질전환을 유도한 뒤, TK⁺세포주만 선택적으로 증식할 수 있는 배지에서 배양하는 방법이 있다. 이와 같이 칼슘 침전법은 낮은 효율과 특수 세포주를 필요로 한다는 문제점이 있으며, 나아가 도입된 유전자의 예측 불가능한 재배열 현상 때문에 치료 목적의 유전자 도입에는 적합하지 않다.

동물세포에 유전자를 도입하는 방법으로 요즈음 많이 사용되는 것은 바이러스를 운반체로 이용하는 것으로, 대표적인 예로 SV40 및 레트로바이러스를 이용한 벡터들이 있다. 레쉬-니한(Lesch-Nyhan)증후군은 효소 하이폭산틴-구아닌 포스포리보실트랜스퍼라아제(Hypoxanthine-guanine phosphoribosyltransferase, HPRT)가 결핍되어 퓨린이 과잉으로 생산되면서 신체적·지적장애를 일으키는 유전병이다. 이 효소를 대장균에서 분리해 SV40벡터를 통해 배양된 레쉬-니한 세포를 형질전환한 결과, 해당 효소의 생산이 부분적으로 회복되는 것이 관찰되었다.

레트로바이러스는 RNA를 유전정보로 지닌 암을 일으키는 바이러스인데 감염된 세포를 죽이는 대신 자신의 유전자들을 세포의 염색체에 삽입하는 성질을 지니고 있다. 따라서 이 바이러스를 비병원성으로 전환하고 외부에서 도입하려는 유전자를 운반할 수 있는 형태로 개발함으로써 동물세포의 벡터로 사용할 수 있게 되었다. 드문 유전병 가운데 하나로, 효소 아데노신 디아미나제(Adenosine deaminase, ADA)가 결핍되면 축적된 대사산물이 B림프구와 T림프구에 특이적으로 손상을

그림 16 | 1970년부터 무균 상자에서 생활한 중증복합면역결핍증 소년 데이비드(David).

일으킨다. 그 결과 면역시스템 발달이 저해되어 중증복합면역결핍증 (Severe Combined Immunodeficiency, SCID)을 유발한다〈그림 16〉.

이 효소의 유전자를 레트로바이러스 벡터를 이용하여 환자의 B림프구와 T림프구 배양세포에 도입시켰을 때 ADA 결핍증을 교정할 수 있었다. 이와 같은 실험결과로 레트로바이러스 벡터를 유전자 치료법에 이용할 수 있는 가능성이 매우 희망적으로 되었다.

앞으로의 전망

많은 유전병에서 원인 유전자가 밝혀졌으며, 그중 지중해 빈혈, 겸형 적혈구 빈혈증, α1-안티트립신(α1-antitrypsin) 결핍으로 인한 폐기종과 같은 질환은 유전자 변이에 따른 발병기작까지 자세히 밝혀져 있다. 그러나 아직도 상당수의 유전병은 원인 유전자가 규명되지 않은 상태이다. 원인 유전자가 밝혀진 유전병의 경우에는 보인자를 선별할 수 있고 태아 단계에서의 진단도 이루어질 수 있게 되었다. 나아가 효과적인 치료법 개발은 물론, 궁극적으로 정상상태로 회복시킬 가능성도 열리게 되었다. 이러한 유전자 치료법의 전제 조건은 원인 유전자를 규명하고 분리할 수 있어야 한다는 점이다. 이러한 관점에서 볼 때 최근 낭포성 섬유증의 원인 유전자가 밝혀진 것은 매우 고무적인 결과라 할 수 있다.

어떤 유전병에 유전자 치료법을 적용할 것인가를 결정할 때 주요한 제한 요인은 외부 유전자의 발현조절 정확성이라 할 수 있다. 앞서 언급했듯이, 지중해 빈혈을 치료하려면 도입된 글로빈 유전자가 높은 수준으로 정확히 발현되어야만 한다.

그러나 일부 유전자들(Housekeeping 유전자들)은 여러 조직 내에서 다양한 현상에 관련된 효소를 조절하는데, 이들은 글로빈이나 면역글로불린과 같은 조직 특이성을 지닌 유전자들과는 달리 엄격하게 조절될 필요가 없다. 이러한 이유로 유전자 치료를 통해 즉각적인 치료 효과를 기대하기에 가장 적합한 질환은 지중해 빈혈보다는 오히려 매우 엄밀히 조절될 필요가 없는 유전병에 시도해 보는 것이 타당할 것이다. 이는 왜 많은 연구자들이 ADA 결핍증이나 레쉬-니한증후군과 같은 질환에 주목하는 이유를 설명해 준다. 이 외에도 ADA 결핍증과 유사한 면역결핍증인 퓨린뉴클레오티드 인산화효소 결핍증, 암모니아가 요소로 전환되지 않아 발생하는 시트룰린혈증(Citrullinaemia) 등이 유전자 치료법을 시도하기에 좋은 대상이 된다. 이러한 질환을 고치기 위해 필요한 모든 유전자는 이미 분리되어 레트로바이러스 벡터에 클로닝된 상태이다.

최근에는 유전자 결함을 반드시 해당 부위에서 직접 교정하기보다는 유전적으로 특별히 설계된 세포를 이용해 '유전약물(Genetic drug)'을 만들어 치료에 활용하는 방법도 시도되고 있다. 앞서 언급했듯이, 조혈간세포를 이용한 유전자 치료법은 여러 가지 한계가 있으므로 연구자들은 림프구, 순환계 또는 폐의 내피세포를 통해 필요한 유전자나 물질을 공급하려 하고 있다. 이는 순수한 의미에서 유전자 대체 치료는 아니지만 실제 유전질환을 치료하는 데에는 더 현실적인 방법으로 평가되고 있다.

예를 들어 ADA 결핍증 치료의 경우, 결함이 있는 ADA 유전자를 대체하는 것보다 정상적인 ADA 유전자를 도입시킨 림프구를 환자에게 수혈을 통해 투여하는 것이다. 미국 국립보건원의 블레이스(Blaese) 박사와 앤더슨(Anderson) 박사팀은 ADA 결핍 환자의 림프구에 레트로바이러스를 이용해 정상적인 ADA 유전자를 도입한 뒤, 해당 림프구를 배양·증식시키는 데 성공했다. 만약 이렇게 유전공학적으로 조작된 림프구를 환자에게 주입해 ADA 결핍증을 치료할 수 있다면 이는 유전자 치

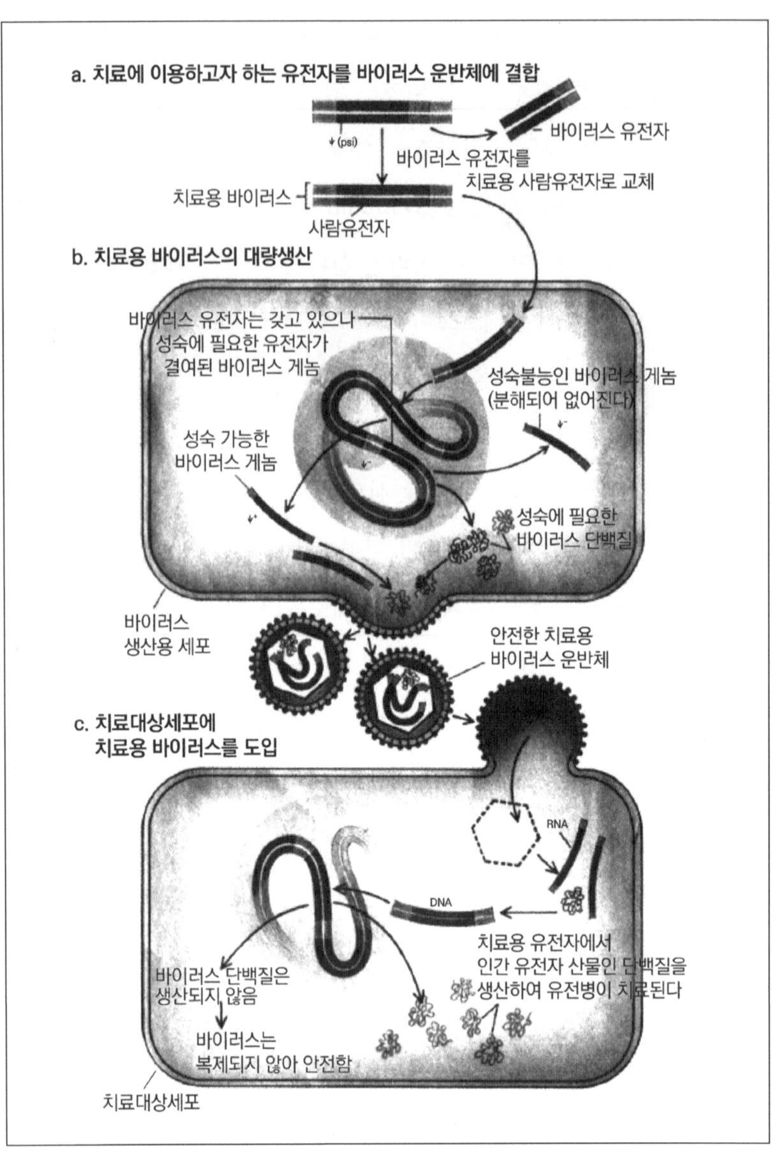

그림 17 | 레트로바이러스를 이용한 유전자 치료법의 원리

료법에 따른 세계 최초의 유전병 치료 사례가 될 것이다〈그림 17〉. 이 임상실험의 허가 여부는 현재 미국 국립보건원의 재조합 DNA 자문위원회(Recombinant DNA Advisory Committee, RAC)에서 검토 중에 있다.

유전공학적으로 조작된 혈관 내피세포는 새로운 혈관을 만들 수 있고, 단백질을 분비할 능력이 있는 인공기관(neo-organs)에 부착되어 체내에 이식될 수 있다. 연구자들은 혈우병 환자에게 결핍된 혈액응집인자 유전자를, 고혈압 환자에게는 혈액용해인자인 조직 플라스미노겐 활성제(Tissue Plasminogen Activator, TPA) 유전자를 내피세포에 도입해 환자에게 공급하는 것을 연구 중이다.

또한 미국 국립암연구소의 갈로(Gallo) 박사 연구팀은 국립보건원의 앤더슨 박사와 공동연구를 통해 에이즈 치료 방법으로 내피세포를 활용해 에이즈의 감염을 억제한다고 알려진 CD4를 공급하는 연구를 진행하고 있다. 이러한 관점에서 볼 때 유전자 치료법은 단지 유전병의 치료에만 국한되는 것이 아니라 에이즈, 고혈압, 당뇨병, 암 치료 등에도 유용하게 사용될 수 있음을 알 수 있다.

유전병의 치료에는 결함 유전자를 대체하거나 순환 림프구에 유전자를 도입하는 방법 외에도 여러 가능성이 있다. 많은 유전병은 임신 초기 약 3개월이 지나면 진단이 가능하므로, 자궁 내 골수이식이나 유전자 대체를 고려할 수 있다. 그러나 면역학적 문제 때문에 이러한 방법의 개발이 매우 어렵다.

그러나 신경계 분화에 영향을 미치는 선천성 질환을 치료하려면 태아기에 유전자 치료를 시도하는 것이 바람직하다. 이 부분과 관련해 극히 초기 단계 배아 DNA를 조작하는 연구에 대해 많은 논의가 있었으며, 장차 이러한 연구를 어떻게 다루어야 할지에 대한 지침을 마련하기 위해 다양한 노력이 이루어지고 있다.

이 분야의 연구는 다른 분야보다도 심각한 윤리적 문제와 직면할 수 있다. 그러나 배아나 난자를 조작하는 것과 달리, 유전자 하나만 대체하거나 유전자 활성을 전환하는 방법, 또는 특별히 설계된 세포를 통해 유전자를 체내에 주입하는 방법은 현재 널리 활용되는 골수 이식 치료법의 연장선에 있으므로 결정적인 윤리적 난관에 부딪힐 가능성은 상대적으로 낮을 것으로 예상된다.

16장

인류는 유전병을
극복할 수 있을까?

유전학 연구가 많은 난치병의 원인을 이해하고 치료의 길을 열어주는 핵심 열쇠가 된다는 사실은 의심할 여지가 없다. 암, 심장질환, 알레르기성 질환, 고혈압, 선천성 기형 및 선천성 대사 이상 등은 앞으로의 연구 성과에 따라 극복이 가능한 질환으로 거론되고 있다. 그러나 이러한 연구가 꾸준히 발전하고, 개인과 공중위생에 기여할 수 있으려면 축적된 지식을 실제로 활용할 수 있도록 앞으로도 막대한 투자가 지속적으로 보장되어야 한다.

유전자 조작을 통한 유전자의 교체와 제거

인간이 유전자를 분리할 수 있게 된 것은 현대 과학이 이룩한 눈부신 업적이다. 이렇게 분리된 유전자는 어떤 유전자에 결함이 있는 사람에게 제공될 수 있다. 이론적으로는 환자의 병적 유전자를 제거하고, 정상 유전자로 대체하는 것이 가능하다. 실제로 유전공학의 궁극적 목적은 유전자를 합성하고 제거하며, 그것을 새로운 것으로 대체하는 것이다. 이러한 시도들은 앞에서 살펴본 바와 같이 공상과학소설의 이야기가 아닌 인간에게 실현 가능한 과제로 다가오고 있다.

이미 어떤 세포를 쥐의 태아 내에 주입할 수 있게 되었다. 주입된 세포는 분열 증식하여 성장한 쥐의 여러 장기에서 발견된다. 또한 동물의 난자에서 염색체나 핵을 제거하고 다른 세포핵으로 대체할 수도 있게 되었다. 이 방법으로 태어난 자손은 대체 공급된 세포의 특성을 띠게 된다. 이러한 연구는 유전병 소인을 가진 사람의 경우, 발생 초기에 불과

몇 개의 세포 단계에서 유전자를 재조합함으로써 출산 전에 유전병을 완치할 수 있는 방법으로 사용될 가능성을 보여준다.

서독(독일)에서는 이 '유전자 요법'이 약간 다른 방법으로 시도되었다. 실험실 연구 과정에서 우연히 발견된 사실인데, 특정 바이러스에 감염되면 어떤 효소가 크게 증가한다는 점이 알려진 것이다. 마침 이 특정 효소가 결핍된 드문 유전병을 가진 두 자매가 있었고, 의사는 더 이상의 치료 방법이 없자 이들에게 특정 바이러스를 감염시키기로 결정했다. 이는 감염된 바이러스가 결핍된 효소를 생성해 두 소녀의 병을 치료할 수 있을 것이라는 단순한 생각에서 비롯된 것이었다. 그러나 이 방법은 별다른 효과를 보지 못했다. 오히려 의사가 새로운 기술의 안전성과 정당성이 확실하지 않은 상태에서 사람에게 직접 실험했다는 점에서 큰 파문을 일으켰으며, 일부 사람들은 이 소녀들이 감염된 바이러스로 인해 결국 종양이 발생할 것이라고 반박하기도 했다.

새로 개발된 이러한 실험은 박테리아나 바이러스를 이용하고 있으므로 이를 사람에게 직접 적용하는 데에는 불행히도 여러 가지 심각한 문제를 불러일으켰다. 가장 큰 위험은 인간의 기본적 유전 장치를 인간의 손으로 만지작거릴 경우 새로운 질병이 발생해 오히려 건강을 해치는 결과를 초래할 수도 있다는 점, 또 과학의 비약적 발전이 재앙의 불씨가 되어 마치 '판도라'의 상자를 여는 상황으로 변할 수도 있다는 점이다. 정치적 면에서도 유전자를 조작함으로써 인류를 위협하고 복종시키려는 몇 사람의 수중에 이 무시무시한 힘이 들어갈 수도 있는 위험성이 있다.

이와 관련해 미국에서는 DNA 또는 유전자를 재조합해서 만든 이른바 '재조합 DNA 분자'에 대한 정부 지원 연구를 통제할 특별한 관리지침을 마련하고 있다. 전 세계 과학자들은 이러한 연구에 따르는 잠재적 위험성을 더 이상 간과할 수 없게 되어 위에서 언급한 것과 같은 관리지침의 제정에 정부와 협력하고 있다. 그러나 일반인의 관심과 두려움은 수그러들지 않았다. 우리는 연구에 사용되는 절차와 안전 지침이 모든 인류를 안심시킬 수 있기를 바란다. 그러나 이로 인해 유전학이 가져올 잠재적 혜택이 과소평가되어서는 안 될 것이다.

현재 진행되고 있거나 계획된 연구들은 유전자의 구조 및 그 기능을 아는 데 목표를 두고 있다. 이 연구에는 인간과 박테리아와 같이 서로 다른 종의 유전자를 인공적으로 결합하려는 시도도 포함되어 있다. 이렇게 형성된 새로운 분자는 대량생산을 위해 박테리아 내로 주입되어 인슐린, 인간의 성장 호르몬과 같은 귀중한 물질을 값싸게 제조하는 데 이용되고 있다.

유전자 지도 작성

유전자를 제거하고 새로운 것으로 대체하려면 먼저 유전자의 염색체상 위치를 정확히 알아야 한다. 특정 유전자의 염색체상 위치를 알아내기 위해 여러 가지 정교한 기술들이 개발되어 왔으며, 지금까지 큰 성과를 거둔 연구 방법 중 하나는 인간과 동물세포를 결합하는 것이다. 특히 분자유전학의 비약적 발전으로 염색체와 DNA를 직접 분석할 수 있게 되면서 많은 유전자의 위치가 확인되었다. 예를 들어 테이-삭스(Tay-Sachs) 병은 특정 효소의 결핍으로 발생하는데, 이 효소를 만드는 유전자는 15번 염색체에 위치한다. 또한 Rh와 ABO 혈액형을 결정하는 유전자는 각각 1번과 9번 염색체에 있으며, 소아마비에 대한 면역이 없는 경우 감염되기 쉬운 유전자는 19번 염색체에 위치하는 것으로 알려져 있다.

1989년 미국 정부는 국립보건연구소 주도로 30억 달러의 연구비를 투입해 인간의 모든 유전자의 해독과 지도화를 목표로 한 야심적인 '인간 게놈 프로젝트(Human Genome Project)'에 거대한 발걸음을 내디뎠다. 3년 뒤인 1992년, 21번 염색체와 Y염색체의 장완 유전 암호가 완전히 해독되었고, 유전학자들은 예측하지 못했던 몇 가지 중대한 사실을 발견했다. 기존에 추측했던 수보다 이들 염색체에는 훨씬 더 많은 유전자가 존재했으며, 놀랍게도 X염색체에 있는 유전자와 상동인 유전자가 25퍼센트 이상이었다.

따라서 머지않아 인간 유전자 지도 작성에 놀라운 발전이 있을 것으로 기대된다. 인간에게는 약 10만 종 이상의 유전자가 존재할 것으로 추정되며, 1997년 현재 전체 유전자의 7퍼센트에 해당하는 2,700여 종만의 유전 암호가 완전히 해독되었다.

복제 인간

클론(Clone)이란 하나의 세포에서 유래한 동질의 세포집단을 말한다. 이는 실험실에서 세포 배양으로 쉽게 얻을 수 있다. 이러한 발상은 처음에 공상과학소설 작가들에게서 나왔다. 즉 신체를 구성하는 모든 세포는 그 생명체 전체에 대한 완전한 유전 정보의 청사진을 지니고 있으므로, 하나의 체세포가 계속 분열한다면 결국 완전한 개체로 발달할 수 있다고 생각했다. 이렇게 발생한 개체는 세포를 제공한 사람과 동일한 복제판이 될 것이며, 이러한 과정은 생식을 거치지 않고 실험실에서 이루어질 수 있다는 구상이었다.

1997년 2월 드디어 공상과학소설의 한 장면이 현실로 나타났다. 영국 로스린연구소의 윌머트(Wilmut) 박사 연구팀은 다 자란 양의 체세포를 이용해 복제 양인 돌리(Dolly)를 대리모를 통해 생산하는 데 성공한

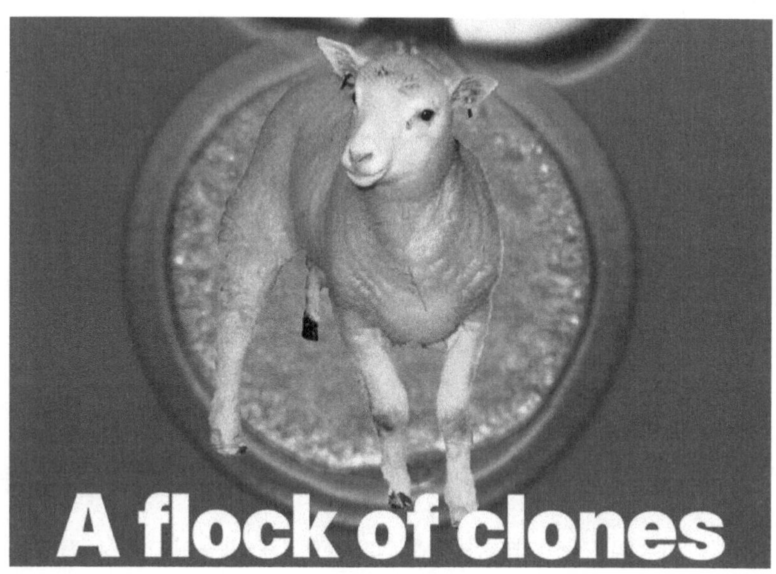

그림 18 | 복제 양 돌리

것이다. 따라서 현대 유전학의 기술은 의도만 있다면 언제든지 복제 인간을 만들 수 있는 단계에 도달한 셈이다. 전 세계는 이 결과에 경악했으며 이 기술을 인간에게 적용될 경우 초래될 윤리적·사회적 충격에 대한 우려로 각국은 서둘러 인간 복제에 대한 법적 규제를 검토하기 시작했다. 인간의 본질은 무엇이며 존재 가치는 어디에 있는가?

유전학과 사회, 그리고 미래

유전학 연구를 위해 정부가 재정 지원을 계속 확대해 간다면 굉장한 발전을 기대할 수 있다. 인류유전학 연구의 궁극적 목표는 말할 나위 없이 유전적 이상으로 생기는 모든 질환을 정복하는 것이다. 유전병의 산전 진단은 더 많은 질환을 출산 전에 확인할 수 있도록 앞으로도 계속 허용되어야 한다. 태아를 치료할 때 모체를 통해서나 직접 자궁 안에서 치료함으로써 유산의 필요성을 줄일 수도 있다. 미국의 몇몇 주에서는 유산시켜야 하는 태아 연구 자체를 금지하는 강한 규제를 하고 있다. 이러한 법률의 최종 희생자는 고통받는 기형아와 그로 인해 고민하는 부모, 그리고 특수 시설의 비용을 부담하는 납세자들이 될 것이다.

앞으로는 이미 안전한 방법으로 입증된 여러 가지 산전진단으로 기형아와 유전병을 지닌 아기의 출산을 예방할 수 있을 것이다.

우리 각자는 일종의 '유전자 신분증'을 몸에 지니고 있다고 할 수 있다. 따라서 어린 시절 간단한 혈액 검사만으로도 자신이 어떤 유전병을 보유하고 있는지, 발병 가능성이 있는지, 더 나아가 결혼 후 출산과 관련된 정보를 알 수 있다.

우리는 모두 선천성 기형이나 지적장애아를 출산할 위험이 있는지를 알 권리가 있다. 사회의 어떠한 법과 논리도 이 권리를 침해할 수 없다. 사회는 개인에게 선택을 강요하기보다는, 각자의 종교와 양심에 따른 결정을 존중해야 한다. 그리고 우리는 자신의 유전적 특성을 정확히 알고 있을 때 비로소 우리 아이들과 후손을 위해 건설적이고 합리적인 결정을 내릴 수 있다. 앞으로 태어날 후손들의 운명을 결정짓는다는 맥락에서 케네디의 명언을 되새겨야 할 것이다.

"미래는 미래를 준비하는 사람들의 것이다."